汉竹·亲亲乐读系列

全脑养育

韩许高 著

江苏凤凰科学技术出版社·南京

序一

　　我与作者本不认识，看了本书以后，觉得内容很契合我40多年来为儿童及其父母提供专业服务的科学基础和实践经验，才写下一些自己的感悟，跟大家分享。

　　本书重在为父母指引正确的方向，缓解目前社会上掀起的育儿焦虑潮。作者采纳了科学研究的经典结论和最新成果，系统讲述了普通父母需要知道的儿童大脑发育、心理成长与行为管教的知识，其育儿理念我很赞同。

　　知识就是力量，这本书可以让大家放下成年人特有的焦虑，不慌张、不盲从，为孩子留下更多的成长空间，而不过早或过度地"开发"孩子，以避免揠苗助长，陷入不眠不休的育儿竞赛之中，破坏孩子的发育节奏和内生动力。

　　本书也提供了很多具体实用的科学育儿方法，有助于父母解决大部分孩子的日常养育问题。当然，家长不必完全遵从作者的每一个观点，而是应该根据自己的实际情况来消化吸收书中的某些信息和建议，总结出来一套行之有效并且适合自己家庭的方法。

作者也不希望父母亦步亦趋,被五花八门的条条框框束缚,他希望家长都学会根据科学理论和他人经验来分析自己或孩子的具体情况,找到属于自己的育儿方略,让孩子快乐成长,取得成功。

实践出真知。作者是真正"下水"带过娃的,而非站在岸上教游泳,对着父母空谈理论。他真正把科学知识化作实战经验,用大家听得懂、学得来的语言诉说育儿真经,希望父母学到真本领。

育儿工作千头万绪,理念对了,方向对了,父母就不会迷失在当下的迷茫之中,还能够在曲折中看到未来的光明前景,让孩子享受美好的童年,与孩子一同享有幸福的亲密关系。

当孩子出现所谓的"问题"时,家长可以借鉴作者的知识和思路,首先弄清楚孩子的问题"是什么",其次搞明白孩子"为什么"会这样,然后具体问题具体分析,找到"怎么办"的适当方法。

总之,好的育儿方式可以让大部分孩子受益终生。为此,父母需要不断地学习,才能更好地理解孩子和自己,与孩子共同成长。希望本书成为大家育儿路上一块重要的垫脚石。

贾美香

北京大学第六医院主任医师

2023年12月于北京

序二

　　我是韩博士的粉丝。我的主要工作是研究孤独症、多动症及其他问题儿童，乃至他们与普通孩子的大脑发育差异、行为差异与教育问题。我不断思考，到底哪些因素会影响孩子的未来。

　　如今，社会上充满了育儿焦虑，只要想到中考或高考的成败得失，父母就会紧张万分，甚至从幼儿园起就开始"鸡娃"。作为医学专业人员，我深知"鸡娃"就像给娃打"激素"，是对孩子人为"催熟"，会增加孩子肥胖、焦虑、逆反、厌学或抑郁等风险。

　　我曾邀请韩博士在北京市孤独症儿童康复协会的系列活动中做过一次专题研讨，我们一致认为培训父母接受科学的养育方式，对改善谱系儿童的并发问题具有非常重要的价值。

　　当意识到家庭干预的重要性的时候，韩博士决定为更广大的普通父母写一本书，而我有机会与他讨论了本书的一些主题，提出些许拙见。

育儿就像长跑，抢跑、提前冲刺不能持久；弯道超车速度太快，容易"翻车"。实际上，急切地赢在起点，短暂地赢在途中，不如稳稳地赢在终点。

韩博士在过去几年花费了大量精力，从各门学科之中寻找有关育儿的科学理论与实验，反复阅读、交叉验证、综合吸收，他的根本宗旨就是帮助家长全面认识孩子的大脑发育及心理成长，进而科学养育、科学"施肥"，以促进孩子身体、大脑、心理及免疫系统的发育。先避免各种问题，再循序渐进热身锻炼，然后选好时机、选好赛道，这样才能事半功倍，让孩子取得最终的胜利。

我认为韩博士的书就像滋养人体的水，善利万物而不争。韩博士的理论分析和实践方案非常适合普通儿童的身心养育，加上他的语言通俗易懂，由浅入深，把晦涩难懂的知识讲通透了。

之前，大家或许老想着如何"教育"孩子。现在，我建议父母要更加注重提升自我！期待读者借鉴本书中的观点，在养育孩子的漫漫征途上不再迷茫。唯有努力，而非焦虑，才能让你和孩子一步步接近成功。

吉宁

北京大学医学博士

国际认证行为分析师 (BCBA)

北大医疗脑健康行为发展教研院执行院长

2023 年 12 月于北京

自序

　　宝妈宝爸们辛苦了，我是坚持科学育儿的韩博士，下面给大家简要介绍一下我及这本书的实践基础和理论深度。

- 第一，我是两个孩子的父亲，全程参与带娃，育儿过程中的酸甜苦辣都尝过。我特意开了抖音号，认识了50多万父母，也被大家的育儿艰辛震撼。6年来，我每天都坚持回复粉丝的评论或与父母们深聊，收集了100多万字的问答记录，为500多个育儿难题找到了参考答案。

- 第二，我在南京大学读书7年，获博士学位，曾在多伦多大学访学近2年，参加过哈佛大学、悉尼大学的儿童自闭症研讨班。这些求学经历让我对心理学史上著名学者弗洛伊德、皮亚杰、维果茨基、鲍尔比等人的理论与实验比较熟悉，而且我通过自己的育儿实践对其加以消化吸收。

- 第三，孩子疑似自闭症是当今父母焦虑的问题之一。我曾翻译了一本权威的儿童自闭症诊疗指南《儿童自闭症的诊断与照护》，对自闭症儿童的语言问题、社交障碍及刻板行为等进行了深入分析。而恰好是在正常儿童与异常儿童的对比当中，我对正常儿童的身心发展有了更加深刻的理解，对普通父母应该如何育儿也有了独到的对照视角。

- 第四，我的知识储备还包括基因学、脑科学、心理学与心灵哲学。我认真看完了生物学、人类学、动物行为学、免疫学、病理学、医学哲学等领域的科普著作及最新教科书427本。我一边育儿，一边阅读。当孩子出现某种现象或疑似问题时，我就去搜寻国内外顶尖专家的相关研究，这为本书奠定了巨量的知识基础。

- 第五，本书以诺贝尔奖得主、哥伦比亚大学教授埃里克R.坎德尔2021年主编的《神经科学原理》最新英文版为学术依据，验证各种理论、实验及育儿方法的正确性。同时遵循中国古人的育儿大智慧，站在中国的现状、未来发展及人才需求的高度上，总结适合中国父母的科学育儿法。

育儿需要学习系统的科学知识，但大部分父母未经培训就已上岗，所以遇到问题才倍感无助。为了缓解大家的育儿焦虑，我把科学理论与实践经验串联起来，创作了这本中国化的育儿实用参考书。育儿是一场人性的历练，父母不仅需要学习知识，更需要付出热情和心血。我已经爬上巨人的肩膀，钻进巨人的脑袋，把真正有用的育儿知识"偷"了出来，送给天下父母，剩下的就该大家努力了。

韩许高

2023年12月于南京

目录

第1章

整合的大脑，幸福的人生

第2章

高质量陪伴，促进孩子的全脑发育

第3章
让理性脑调控情绪脑，塑造孩子好性格

第4章

提高大脑自控力与调节力，规范好行为

第5章

共情养育，大脑不焦虑，孩子更快乐

第6章
育儿也育己，陪孩子终身成长

第1章

整合的大脑，
幸福的人生

不同的父母给了孩子不同的基因，也给了孩子不同的教养，它们决定了孩子拥有怎样的大脑。孩子出现各种让父母头疼的问题，如性格乖张、情绪失控、行为过激……究其原因，其实是孩子的大脑缺乏整合。

父母了解孩子的大脑，再在恰当的窗口期给孩子做充分的全脑整合，既能让孩子拥有健康、温馨的童年，也可以让父母收获融洽的亲子关系。

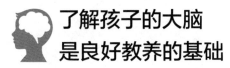

了解孩子的大脑
是良好教养的基础

孩子脾气大，不听管教；自控力不足，爱吃零食、看电视上瘾；注意力不集中，学习效率低……出现这些问题，很可能是因为父母不理解孩子的大脑。从脑科学的角度来看，孩子的很多行为是大脑有意识或无意识的反馈。如果父母不了解儿童大脑的结构特点，不清楚脑部发育的规律，不懂得孩子的天赋特性，用缺乏脑科学的教育方法养育孩子，就很难真正有效地解决问题，还可能影响孩子的智力、情绪、性格、行为、心理等，甚至会改变孩子大脑的细微结构。

◎ 大脑发育的规律

人类的大脑在成年时重量可以达到1300~1500克，大约具有860亿个神经元，每个神经元平均与其他1万个神经元相连，形成一个错综复杂的神经网络。孩子出生时大脑重量约350克，大概是成人大脑重量的25%。满月前的孩子大脑几乎没有皮质褶皱，而只有低端脑区，这时的孩子只能看清距离自己几十厘米物体的轮廓；3个月左右时，大脑才有能力指挥手脚动起来；6个月时，孩子可能迷迷糊糊地记得12~24小时之前发生的事情；8个月时，孩子会捏东西，动手能力略强，但可能还不会分开使用手指。

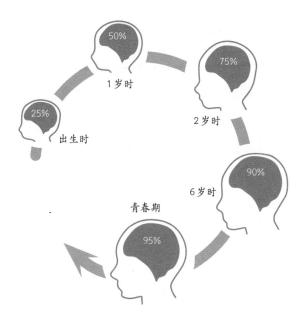

不同年龄段儿童大脑重量占成人大脑重量的百分比

1岁 孩子大脑的重量约为成人的50%，可能刚会走路与说几个字，其中约60%的孩子能体验焦虑和恐惧的情绪，离开最亲的人很可能会立刻大哭，因为他以为消失就是永别，不知道人是一个恒定存在的物体。

2岁 孩子大脑的重量约为成人的75%，运动技能基本成熟，语言脑区开始大量积累词汇；快3岁时，孩子能不能顺利入园，主要看他能否与老师、小朋友正常交流，能否理解分离与重聚的时间循环，能否克服分离时的恐惧与焦虑。

6岁 孩子的大脑重量约为成人的90%，可以接受全面的知识教育，但教学方式以寓教于乐为佳。

青春期 青春期一般为10~15岁。这时候大部分孩子大脑的重量约为成人的95%，不过发育快慢因人而异。很多孩子会出现逆反、冲动、易失控、不爱与父母交流等问题，20%~30%的孩子符合抑郁症的诊断标准，或表现出焦虑、抑郁。这既是大脑发育的阶段性特征，也与大脑的最强一波突触修剪有关，更与亲子关系、家庭关系、学业压力、同伴压力有关。

成年早期 20岁左右，人的大脑发育基本成熟，但终生都可以维持一定的发育潜力与神经可塑性。

ⓒ 影响一生的三大脑区

大脑是心灵之家，父母想要更好地运用脑科学开启孩子的天赋和潜能，重要的是先了解孩子大脑的相对重要的三个区域。

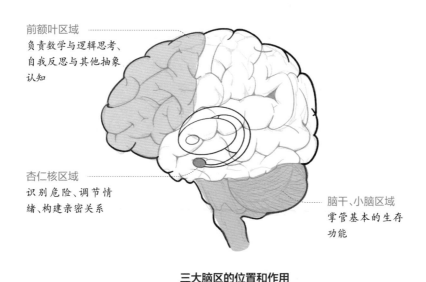

前额叶区域
负责数学与逻辑思考、自我反思与其他抽象认知

杏仁核区域
识别危险、调节情绪、构建亲密关系

脑干、小脑区域
掌管基本的生存功能

三大脑区的位置和作用

● 脑干、小脑区域。该区域掌管呼吸、心跳、吃饭、喝水、调节体温等最基本的生存功能，也叫"本能脑"。孩子出生后，父母关心的往往是孩子的吃喝拉撒、生长发育、动作发育等，但实际上，只要孩子没有先天基因问题，这些能力涉及的脑区在正常照料下会自行发育良好。父母包办太多不仅不能促进孩子大脑发育，还可能降低孩子的自主性、内驱力、身体运动智能与将来的避险能力。

5

● 杏仁核区域。该区域也叫"情绪脑",决定了孩子小时候是否会撒泼打滚、恐惧退缩,是否会出现分离焦虑和黏人缠人、打人推人等现象,也与青春期时的叛逆、逆反等有关。安全感是大脑的杏仁核区域最关注的事情。孩子出生后需要两三年的时间才能形成稳定的情绪行为反应模式。大脑杏仁核区域的发育高度依赖经验塑造,因此父母对待孩子的具体行为和态度就具有很大的示范效应。经常被打骂、忽视的孩子,通常无法控制情绪的变化,也缺乏相应的同理心和认知能力。

● 前额叶区域。该区域也叫"理性脑",是大脑高端智力的核心区域,也是发育慢、成熟晚的区域,它最终决定一个人是否擅长数学、逻辑推理、抽象思考,以及自我控制、自我反思。大脑的结构发育一般在23岁前后达到顶点,也有很多人在30岁才能达到智力高峰,然后维持十年左右的"峰值",40多岁大脑开始逐步老化,但可以依靠经验的累积而显得更有"智慧"。这是因为大脑也能活到老、学到老,只要还有学习的动机与意愿,就能拉长智力高峰期。但如果中小学时过度用脑,孩子的智力就较难到达顶峰,大脑也可能会过早衰老。

© 髓鞘化能保护三大脑区稳定工作

大脑的发育是先搭建线路，再为线路包上"绝缘体"，以增强神经系统的信息传输效率，这就叫"髓鞘化"。髓鞘化能使大脑神经系统受到保护，而且哪条线路用得越多，就优先得到保护。大脑髓鞘化不足的原因之一是线路使用不足，所以才会裸露，容易冒火花，造成"神经短路"。

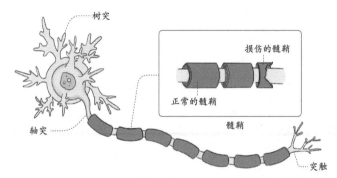

髓鞘是包绕神经轴突的脂性膜结构，具有保护树突、轴突，传导神经冲动和绝缘的作用。如果髓鞘发生损伤，孩子就有可能出现发育迟缓、运动能力差等情况。

2~3岁的孩子非常容易崩溃大哭，原因之一就是情绪脑区——杏仁核区域髓鞘化不足，让孩子的情绪随时爆发。这种髓鞘化不足是正常的阶段性现象，但又受到后天环境和教养方式的影响。有的父母跟孩子一样经常情绪崩溃、生气发火，这会在一定程度上加重孩子杏仁核脑区的恐惧反应，造成的后果是孩子更容易思维短路、撒泼打滚，形成恶性循环。

◎ 突触修剪让大脑更高效地工作

再来说说大脑的可塑性。儿童的大脑就像毛坯房，是需要"装修"的；又像草木葱茏的花园，需要不断地"修剪"，以实现结构与功能的优化。

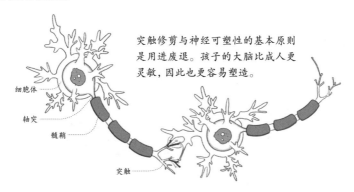

突触修剪与神经可塑性的基本原则是用进废退。孩子的大脑比成人更灵敏，因此也更容易塑造。

细胞体
轴突
髓鞘
突触

神经可塑性是孩子与生俱来的能力，靠经验刺激实现，任何新鲜事和令孩子兴奋的东西都是"经验"，都能促进大脑的微调。父母能做的是在孩子大脑发育的窗口期做出微小、细致的调整，这就需要掌握脑科学，陪孩子玩乐健脑。

很多父母作为园丁，并不会剪枝，也不知道剪哪些枝，一不小心可能打掉了最有潜力的花蕾。就我而言，神经科学的书读得越多，越相信大脑的自我修剪功能，越不会自作主张，逼着孩子去做他不感兴趣的事，因为那时他的大脑不会很兴奋，能力难以提升。父母要记住一句话——"兴趣是最好的老师"，也就是让孩子的兴趣成为"修剪"大脑神经的"小剪刀"。

比左右脑开发
更重要的是全脑整合

　　父母所熟知的"左右脑开发"是基于左脑与右脑的不同分工：左脑是秩序的、线性的、语言的；右脑是全面的、整体的、非语言的。但现在科学家认为，左右脑的合作是大于分工的。左脑与右脑配合，交叉与平衡发展，才能最大限度发挥神经网络的整体功能——这便是全脑整合的意义所在。

◎ 全脑整合使孩子智商高、情绪稳、教养好

全脑整合不仅整合大脑的不同区域，还整合智商与情商，从而让人的理性和感性相贯通，让逻辑思维和创造思维相结合，以便于大脑和谐一致地指挥行为和思考。换句话说，全脑整合不仅可以有效地将大脑的不同能力结合起来，以便应对和解决所面临的问题，还可以积极协调情绪、行为、心理，塑造人的整体素质，包括性格。

人的行为、品质或特性依赖于神经网络系统的整体功能，而非局部脑区的特定功能。因此，只有全脑整合得好，孩子才能智力卓越、性格良好、情绪稳定、心理健康、行为规范。

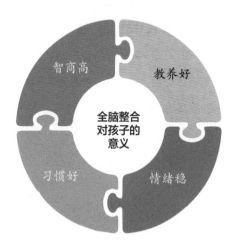

父母眼中的"别人家的孩子"，实际上就是全脑整合成功的孩子，本能脑、情绪脑和理性脑的平衡发展，才能"外化出"优秀的孩子。而父母极端的育儿方式，恰恰阻碍了全脑的整合。

● 智力是全脑整合的首要目标。智力其实是一个统称，指人认识、理解客观事物并运用知识、知觉、经验来接受和处理信息、解决问题的能力。哈佛大学的加德纳教授总结出了人类的智能模块，学界称之为"九大智能"，分别是语言智能、音乐节奏智力、运动智能、社交智能、数理逻辑智能、内省智能、空间视觉智能、自然观察智能、哲学反思智能。这不是把大脑分为九个区域，而是说大脑的某一功能涉及不同区域，这些区域的整合会导致不同功能的整合。智力是每个人应对日常生活、处理情绪、学习知识，理解他人的心理与行为的基础，因此是全脑整合的首要目标。

● 孩子情绪稳定是全脑整合的重要目标。神经科学家认为，人脑的前额叶皮质层上层高级功能区域，代表了大脑的理性。情绪脑处在理性脑下面的杏仁核区域，当杏仁核区域被激活时，孩子就会严重情绪化，甚至情绪崩溃，连带着失去理性。只有全脑整合，让上层理性脑及时调控下层情绪脑，孩子才会变得情绪稳定、行为规范，不至于一受刺激就爆发，或者被各种情绪淹没。拥有稳定的情绪可以促使孩子养成良好的性格，因此也是全脑整合的重要目标。

- 全脑整合为孩子的"心"保驾护航。每个人都有"心"，但"心"所代表的既不是心脏，也不是大脑的某个具体区域，而是全脑整合之后涌现的情感、意志与理性功能。情绪变化、心理压力会影响大脑的思考能力和人的行为举止。孩子如果每天面对的是父母没有爱意的眼神，心里就会产生负面情绪，从而影响大脑发育，出现焦虑、恐惧和行为问题，乃至性格扭曲。全脑整合可以为孩子的心理成长奠定良好的基础，让孩子走向更加光明的未来。

- 建立良好的行为与思考习惯是全脑整合的终极目标。父母理解了孩子的大脑、情绪、心理之后，就容易把握孩子的行为了。孩子的行为是可见的，而情绪较为隐蔽，但父母只要用心，就能体会到。大脑和心理是藏在孩子行为后面的"主使"。只有培养好孩子的大脑，让孩子拥有健康的心理，父母才能减轻焦虑，去欣赏、培养孩子的积极行为和自主行为，而不再担忧孩子到处惹事儿，或有行为安全和规范问题。全脑整合的最终目标，就是在思考与行为环节上帮助孩子建立良好的习惯，让父母省心。

父母期盼孩子拥有良好的学习习惯与思考习惯——自主学习，它是大脑的一项重要功能，也是行为习惯中很重要的一种。只有在情绪、心理与行为能力都得到良好整合之后，孩子才能渐入佳境，顺利走进抽象学习的殿堂。

◎ 做好全脑整合要掌握的六要素

决定或促进孩子大脑发育靠前的六个要素，分别是基因天赋、父母关爱、活动经验、情绪活跃、睡眠质量与物质保障（其他因素影响力较小，此处不一一列举）。其中，基因是大脑发育的重要决定因素之一，父母了解基因，才能选择更成功的育儿策略。

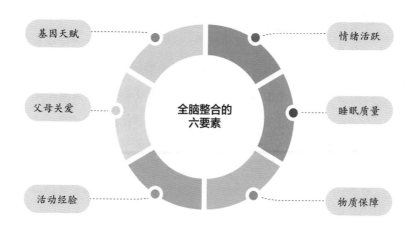

- 第一，基因天赋。基因对每个人的影响在于限定了身高、智商、寿命等的极限值，但并不能决定每个人的实际身高、智商和寿命。父母无法改变孩子基因包含的信息，很难提高基因设定的能力极限值，但遗传学研究表明，父母可以轻易地阻碍或降低既有基因潜能的"实际表达"，让孩子的能力无法发挥至极限。

比如，父母无法提高孩子的智商极限值，但很有可能做出降低孩子智商的事情。这就像人不能使禾苗长得比树还高，但很容易把好苗子折断。父母能为孩子做的就是：接受基因的既定基础，顺着基因的指导方向，整合大脑发育的促进因素，帮助孩子充分表现基因限定的潜能，使孩子智商、情商等得到最大化开发，成为本来就有可能成为的那个人。

● 第二，父母关爱。父母的精神关爱是影响孩子大脑发育的最大变量。绝大部分父母都爱孩子，但要用有助于孩子身心成长的方式才行，这样孩子才能建立起更强的安全感，支撑其养成良好性格、控制情绪、发育健康心理、约束规范行为。只有给足孩子关爱，才能让孩子在出生后顺利发育。严重缺爱的孩子连正常的发育都无法保障，更谈不上全脑整合。

● 第三，活动经验。适当的、丰富的经验刺激是大脑发育的必要条件。大脑的可塑性依赖于孩子的活动经验、身心经历。这里说的活动经验主要是用脑经验与动手操作经验。父母与孩子的亲子互动可以让孩子在"玩乐健脑"的经验刺激下越来越聪明。如果父母既不让孩子做这，也不让孩子做那，会导致孩子缺乏探索与玩乐经验，那就没有办法开发孩子的智力潜能。在大脑发育的关键期，孩子如果总是缺乏基本的经验刺激，可能会出现不可挽回的智力发育问题。

分享一个简单的科学发现：实验室中的老鼠通常比较笨，但如果实验人员把它们带回家饲养，则会提高它们的智商。因为普通人家的环境相比实验室的环境来说，是一个要素丰富、刺激众多的地方，有大量东西可供老鼠探索、玩乐。但与大自然中的野生老鼠相比，家养老鼠还是略有不足，尤其是从来没有遇到过天敌的老鼠。它们失去了很多本能，大脑也发生了一定程度的退化。

家养老鼠智商不如野生老鼠，这是因为人工环境相对贫乏，缺少应有的生存竞争。例如，家养或笼养老鼠遇到猫，并不会出现躲避动作，大脑并无处理此类事件的经验。所以"温室中的花朵"受挫力较弱，大脑发育的速度也会减缓。

● 第四，情绪活跃。心情愉悦可以促进孩子的大脑发育，而父母情绪稳定、积极活跃、乐于交流则非常有助于提高孩子的智商和情商。兴奋的大脑就像海绵，可以更好地吸收外界信息，让孩子乐于探索，动手动脑，促进自身成长。反之，情绪压抑、心情低落、愤怒暴躁会导致人体分泌更多的压力激素，让大脑处于抑制、警觉或恐惧状态，使孩子不能有效地用脑学习。

● 第五，睡眠质量。对孩子来说，睡眠不只是身体的需要，更是大脑发育的重要保障。婴幼儿一天所需的睡眠时间是12~18个小时，远远多于成人的8个小时。这是为了在充分的休息中，让大脑更为迅速地发育。夜间睡眠期间，大脑神经元之间会形成新的突触，促进神经系统发育；脑内"垃圾"也会被清除；对白天获取的信息进行分类整理、存档，从而形成记忆。

● 第六，物质保障。人类赖以生存的物质主要有水、碳水化合物、蛋白质、脂肪、矿物质、维生素等。营养是孩子身体与智力发育的基本保障，营养供给是否均衡与充足，直接关系到孩子的未来发展。但营养均衡并不意味强迫孩子每天吃很多东西，而是要求营养物质在7~14天内达到周期性均衡。每种物质的"补货"周期不同，孩子的大脑会精确计算，发出"补货"信号，父母要做的是识别信号、及时"供货"，而不是教条地规定什么时候补什么营养物质。最佳的饮食策略是不断强化孩子的自主意识，引导孩子遵循最简单的饮食原则：不饿不吃，饿了再吃。家长不要追着孩子喂食，随着孩子年龄的增长，要让他们在相对固定的时间与地点正常吃喝。

"

父母不要纠结于这六要素中"每一个"或"某一个"要素是否优化，因为孩子的大脑发育最终取决于所有要素的有机整合。

"

抓住孩子大脑发育的
关键期和敏感期

　　一只猫出生后，实验人员先确认它的双眼视力正常，再把其中一只眼睛蒙上黑布眼罩，几个月后打开，这只眼睛就看不见了，另外一只眼睛则是正常的。这个实验证明了大脑发育有赖于正常的经验输入。人类也不例外，几乎每一种能力都需要经验刺激才能发展起来。人脑之所以具有可塑性，是因为不同区域在不同的时间段，会对不同的经验刺激产生反应。在窗口期内，孩子的大脑很容易接收外界信息，从而打开基因潜能，这个窗口期就是关键期和敏感期。

© 大脑是可塑的，要把握住关键期和敏感期

现在，育儿圈里"关键期"这个词用得少，"敏感期"这个词用得多。这是因为孩子很多能力的发育没有那么狭窄的窗口期，比如爬行、走路等能力，晚几个月也不算发育问题。但在脑科学领域里，关键期对应"经验预期型神经可塑性"，敏感期对应"经验依赖型神经可塑性"，两者是有明显不同的。所以这里我将它们分开，用通俗的话让父母理解得更清楚。

● 关键期是生理机能发育的窗口期。孩子的大部分生理机能，比如视觉、听觉、嗅觉等，都有一个发育窗口期。这个时间窗口比较短暂，一般只有3~6个月。一旦错过，机能就很难达到正常或优秀水平。专家把这种可能导致发育迟缓或病理性危害的窗口期叫作"关键期"。在此期间，孩子在自然条件下，几乎都会遇到最基本的、最常见的几种感官经验刺激，这些经验刺激是每个人都可遇可求的，不论贫富，不论地域。但孩子如果出生后被蒙上了一只眼睛，最终也会像前文实验里的那只猫一样，出现视力问题。

● 敏感期是心理与社会技能发育的窗口期。孩子的大部分心理与社会性技能也有一个发育窗口期，比如秩序、语言、阅读、逻辑思维、社会规范……但这个时间窗口通常比较长，少则1~2年，比如习得母语；多则3~4年，比如社交技能；高端智能的

发育窗口期甚至可以长达5~10年，比如数学能力。专家把这种可早可晚、迟来无害的发育窗口期叫作"敏感期"。在此期间，大脑对某种信息最敏感，学习效率最高，但提前与延迟几个月或几年都不会对大脑发育产生大的影响。比如，孩子在语言敏感期可以轻松地学会一门外语，但前提是处于相应的语言环境中。如果错过了这段语言敏感期，在青少年时期或成年后再学一门外语，难度会随年龄增加而提高。但父母不必为此太焦虑，语言是一种交流工具，孩子只要用心去学，流利顺畅地掌握外语不是难事。

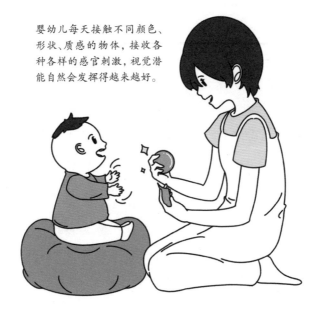

婴幼儿每天接触不同颜色、形状、质感的物体，接收各种各样的感官刺激，视觉潜能自然会发挥得越来越好。

关键期和敏感期的区别

窗口期	关键期	敏感期
对应能力发育	生理机能发育	心理与社会技能发育
窗口期特点	时间短、弹性小	时间长、弹性大
错过的后果	错过可能导致孩子发育迟缓，危害大	错过对孩子危害不大，但相关学习效率可能会变低
举例	视觉关键期 听觉关键期 嗅觉关键期 触觉关键期 ……	语言敏感期 阅读敏感期 社交敏感期 逻辑思维敏感期 ……
遗传度和所需经验的相关性	基因贡献大，有足够的自然刺激即可	后天经验影响大，相关经验多多益善

◎ 关键期"减少干预"，敏感期"增加刺激"

在孩子大脑发育的关键期，父母应该做的是"减法"，即"减少干预"，不要阻碍孩子接受自然刺激，以灵活自然的教养方式为佳。例如，不要刻意遮挡光线，允许或鼓励孩子自由探索，平常多与孩子说说话……父母过多的干预很有可能削弱基因设定的潜能，降低孩子的发育水平。

前文说过，父母即便做出更多努力，也很难提高孩子的基因潜能。例如，想提高孩子的视力很难，父母要让孩子减少对电子产品的依赖，反向促进孩子的视力发育。

在大脑发育的敏感期，父母应该做的是"加法"，也就是增加别人可能没有的、新鲜而刺激的、让大脑兴奋的东西以丰富孩子的日常经验，提高孩子大脑的独特功能，提高孩子个性化的、锦上添花型的神经可塑性。

例如，3~5岁的孩子处于前逻辑思维的萌芽敏感期，会开始问"十万个为什么"。"妈妈，为什么花开完就会败呢？""为什么白天有太阳，晚上有月亮？""为什么小白兔喜欢吃青菜？"这时父母要帮孩子建立事物与事物之间的联系，可以用"因为……所以……""如果……就……"等句式回答孩子的问题。

因为花和人一样，都是有一定寿命的，所以到了时间就会落下。

妈妈，为什么花开完就会败呢？

家长的语言就是孩子思维的种子，家长"喂"给孩子什么样的语言，孩子就会用什么样的思维去决定自己的行为。

如果回答不上来孩子问的一些问题，父母千万不能敷衍了事，一定要仔细查阅资料，或者和孩子一起探索，寻找更适合这个年龄段孩子的有趣答案。除了积极回答孩子的问题，父母不妨多带孩子去户外，让孩子观察平时没见过的事物，很多"为什么"便可以在生活中自然解决。

但父母要注意，不要把锦上添花变成揠苗助长。比如，在发育早期让孩子接触一些异常信息，如广播腔、动画片，有可能会造成孩子听觉损失、语言延迟，甚至会导致孩子屏蔽真人的声音。同理，父母过早地将孩子暴露于当前年龄段不能加工处理的书面信息刺激之中，用正式讲课的方式来灌输一些知识，也可能导致孩子大脑相关信息处理能力发育延迟，或者导致孩子屏蔽那些未来必须要学的信息。这也是大龄儿童及青少年厌学的原因之一。

总的来说，在关键期、敏感期到来时，父母不要让孩子接触太难处理或吸收的信息，不要太依赖过于正式的、形式化的、"填鸭式"的早教，要重视言传身教、耳濡目染的力量，提供孩子大脑渴望的自然刺激，在高效的亲子互动中提高独特经验对孩子神经的塑造。

> 最要紧的是，父母应该让孩子在适当的年纪做适当的事情，发展适当的大脑区域，不要因好高骛远而忘了最基本的大脑功能。

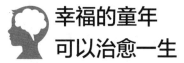 幸福的童年
可以治愈一生

　　幸福的人用童年治愈一生，不幸的人用一生治愈童年。专家发现，父母的爱至少可以分为三个变量：身体接触、陪着说话、陪着玩乐。父母如果能经常提供良性的亲子互动，就能满足孩子的身心需要，让他拥有温馨的童年。相反，如果父母不能提供关爱，严重缺爱的孩子会出现神经发育障碍，如社交障碍。科学研究表明，儿童早期遭受的严重情感创伤可能会引起大脑基因表达的变化，进而影响行为及性格，甚至可能增加青春期及成人期患精神疾病的风险。

　　心病还需心药医，父母给足关爱能够让孩子大脑更好地发育，心理发育正常，语言、社交优秀，行为得体，成绩突出，实现父母的合理期望，幸福一生。

◎ 温馨家庭中长大的孩子患重度抑郁症的概率小

哈佛大学医学院教授范伦特根据自己的调查研究，划分出三类家庭：温馨家庭、冷漠家庭和普通家庭。

统计数据显示，在温馨家庭中长大的孩子比在冷漠家庭中长大的孩子多赚了50%的钱；而最被父母珍爱的孩子患重度抑郁症的概率是最受父母冷落的孩子的1/8。

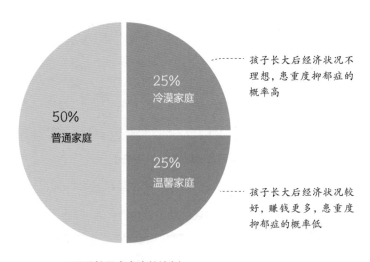

不同温馨程度家庭的比例

童年时家庭温馨的前10%的人中，有一半的人事业取得了成功；而童年凄惨的倒数10%的人中，仅有1/8的人取得成功，且有一半的人被诊断出精神问题。后者异常焦虑的人数是前者的4倍，重度抑郁的人数是前者的8倍。

根据童年的亲子关系、家庭关系来评分，得分较高的30名哈佛毕业生中，只有3个人看过心理医生，且都没有超过99次。得分较低的23名哈佛毕业生中，9个人去看过超过100次的心理医生，只有1个人从来没有看过心理医生。

人生几十载，童年转瞬即逝。优秀的父母站得高、看得远，既能料理好眼前的育儿琐事，又能预见孩子青春期、成年期应该具有什么样的优秀品质。预见未来的能力决定了今天的父母是否纠结于昨天，是否焦虑于明天，是否能够几十年如一日痛并快乐地育儿。

Ⓒ 童年时家庭温馨比家庭富裕更能让孩子成功

孩子大脑最看重的是生存，等生命有了安全感后，才能逐渐形成坚强、自信等良好的个性品质，成为一个对人友善、乐于探索、具有处事能力的人。与喂食相比，亲密的身体接触更易促成亲子依恋关系，它能让孩子感受到父母的关爱，获得更多的情绪上的安全感。如果孩子的身体和心理需求得到了基本满足，基因就会开启一套正常的发育程序，否则就会采取另一套不同的发育计划，来争夺自己缺乏的东西，那样会导致亲子矛盾，孩子进入社会后也会出现一系列问题。孩子甚至会用一生来惩罚父母，治愈自己。

从哈佛大学教授范伦特的研究案例中，可以看到如下几点。

● 那些独立而坚忍的成功人士，往往生长于充满爱意的家庭。他们从父母那里学会了信任，这给了他们面对困境的勇气。

● 温馨的童年能让一个人即使到了迟暮之年也能对自己的生活感到满意。

● 心理健康水平取决于一个人的成功事项或良好经历，而不是失败或不良经历。跌倒99次，只要能爬起100次就不会陷入泥潭。童年温馨的人，跌倒后爬起来的勇气和毅力更为充足。

● 温情，不管是来自父母还是来自其他人，都是非常关键的成功因素。

● 家庭稳定，情感温暖，父母常鼓励，较少打击、贬低或侮辱，有利于孩子形成自主性、内驱力、自律意志。

● 良好的亲子关系可以提高儿童的玩乐能力、抗压能力，减少其焦虑与抑郁，进而提高儿童的自我价值感。

总之，一个人能否适应社会、取得成功，除了受单一因素的影响，比如家庭条件是否优越、父母是否偶尔责骂等，更多地取决于童年的总体温馨程度。

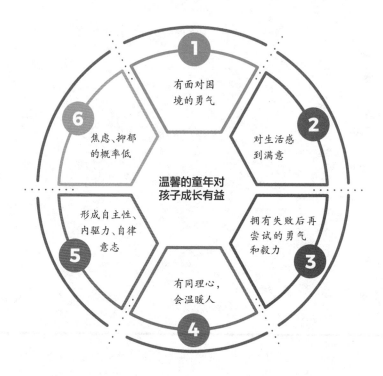

长期拥有温暖而亲密的家庭氛围，或者回忆往事时总是感觉开心愉快，可以促进孩子的人生走向成功。一个家庭长期存在各种问题，很有可能阻碍孩子的未来发展，而这种影响是潜移默化的，通常会导致不易察觉的性格问题。例如，童年温馨更能提高一个人的社交能力和婚恋意愿，甚至更有助于个人取得成功。

第2章

高质量陪伴，
促进孩子的全脑发育

　　有的父母会把孩子送去早教机构进行所谓的"智力"开发。其实，真正有助于孩子大脑发育的是父母的高质量陪伴和自主经验活动的刺激。让人开心兴奋的动手探索的亲子活动可以帮助孩子协调各大脑区的功能。

　　父母要多学习趣味教育，与孩子快乐互动，为孩子的智力发育"推波助澜"。要知道，提高孩子的智力，培养全脑思维能力比教孩子具体知识更有效。

语言敏感期，
父母做好解说员

语言能力的遗传度很低，主要受经验的影响。语言的发展与环境刺激、家庭教育等都有关联。

在3岁之前，孩子每天都处于语言敏感期。但3岁之后，父母也不能太懈怠，因为词汇量的累积是经年累月的事。优秀的父母要像解说员、旁白者，不拘泥于一词一物，以灵活为佳，尽最大可能抓住语言窗口期，多与孩子交流，为孩子创造良好的语言环境。例如，陪孩子阅读、讲故事等，能增加语言刺激，避免孩子语言发育迟缓，提升其社会交往能力。

◎ 3岁之前，孩子每天都处于语言敏感期

有人说，父母在孩子未出生前就要和孩子多说话，这当然有一定的道理。但如果没这么做，也不用焦虑。父母在月子里太忙太累，没有经常和孩子说话也没有关系，只要在孩子主动"咿咿呀呀"发声之后，及时回应，加强亲子交流，是可以补救的。

几个月大	孩子在"咿咿呀呀"的发声练习中建立起人类语言的最初感觉。随着月龄的增加，"咿咿呀呀"的声音越多，对语言的初体验越丰富。
12个月左右	经过1年左右的语言输入，大部分孩子在13个月的时候已经可以接收与理解比较简单的口语，虽然真正会说的词很少，可能只是个位数，但已经基本会发母语的所有音节。
18~24个月	孩子会出现一次语言大爆发，大部分的日常需求已经会用语言表达了，但说出的话只有少数几个照料人听得懂，专家称之为"私人语言"。
3岁左右	大部分孩子能说出老师、同学及其他陌生人能够听懂的话，专家称之为"公共语言"。

ⓒ 父母不仅要勤说，还要给孩子回应时间

芝加哥大学的教授录下了数百个儿童与父母在家里的日常交流情况。分析结果表明，优秀的父母在一个小时里对孩子说了2 100多个单词，普通父母则是1 200多个，不及格的父母只对孩子说了600多个单词。父母不妨算一下，平均每分钟10~25个单词的差异，2~3年下来就会有上千万单词量的输入差异。久而久之，数字差距会越来越大。而语言输入不及格家庭的孩子往往有社交能力不足的问题。

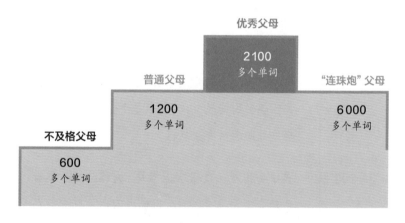

不同类型父母每小时输出的单词量

此外，专家还发现亲子交流的质量差异：优秀的父母不仅说得多，还会给孩子足够的时间来回话，不会经常用语言打击孩子，很少做出负面评价，很少说出负面词、禁令词、贬低词等。

物极必反，如果父母一个小时对孩子说了5000多个单词，那就不是提高，而是降低孩子的语言水平，因为这挤占了他回应的时间；或者父母说得很多，语速又快，语言带有"压迫感"，超出孩子大脑接收听觉信息的舒适范围。如果父母一个小时说6000多个单词，也就是一分钟说100个单词以上，则对孩子的语言发育更为不利。因为这个速度的语言对孩子来说就像"连珠炮"，对大脑来说意味着吵架、噪声，或者有其他情绪威胁。

父母也不必苛求完美的语速和词语量，因为更为关键的是发音方式，比如音调温柔平和，孩子会更喜欢，其大脑更容易接收信息。

◎ "婴儿腔"能很好地激活孩子的语言脑区

哈佛大学心理学教授品史蒂芬·平克发现，婴幼儿最喜欢听的语言是"婴儿腔"，又叫"妈妈腔""父母语"。不管是男性还是女性，只要喜欢孩子，看到一个小婴儿就会不自主地发出嗲声嗲气的音调，或者说出"吃饭饭""洗手手"等叠词。

"婴儿腔"的核心是发音的速度变慢、重音加强、音调柔美化、口型夸张化，这样可以在最大程度上引起婴幼儿对语言的敏感，尊重婴幼儿的理解力，最大程度激活婴幼儿的语言脑区，帮助婴幼儿与父母同步活跃大脑。

婴幼儿通常比较喜欢女性的声音，偏爱母语的说唱韵律或叠词。有个别早教"专家"，没有系统地学过儿童心理学，却主张父母不要对婴幼儿使用"婴儿腔"，认为"婴儿腔"不利于语言发育和词汇积累，这是没有科学根据的。

据调查，孩子11~14个月时，如果父母依然使用"婴儿腔"，等孩子到了2岁，他的词汇量要比同龄人多2倍，发音清晰程度也要远远高于没有听过太多"婴儿腔"的孩子，长大后社交能力更强。

像"吃饭饭""喝水水"等既简单又可爱的叠词，易于孩子理解，父母配合相应的动作，可以让孩子记忆更深刻，有助于其学习发音和语言。但当孩子语言流利时就不要再用"婴儿腔"了，以免影响其语言能力的进一步发展。

ⓒ 培养双语思维，说方言不比说外语差

有些父母觉得孩子小，连母语都说不利索，怎么可能学得会第二种语言。其实，在孩子1~2岁时，如果能在日常交流中让其接触双语，就可以更早精通双语，具有一定的心智优势，在智商、

分心任务等测试上得分更高，比同等社会经济条件的单语者表现要好。

不过，要想让孩子拥有双语思维，父母必须在日常对话中大量使用双语。以英语为例，如果父母每天仅有10%~20%的时间说英语，或者只在跟孩子互动时偶尔说英语，那就很难让孩子的英语比肩母语的水平。父母要认识到，让孩子通过上双语早教班，或者看英语动画片掌握英语是很难的，这是因为缺乏语言环境，孩子很快会发现家人、同伴都不说英语，只有自己说，十分尴尬。为了照顾听众的感受，孩子就会自动放弃学英语。但如果父母常说英语，甚至跟孩子互动时也能大量使用英语，孩子就会突破尴尬，把英语融入生活，在认实物、认图画、情景搭配等时候，说出一些英语短句。

有条件的家长不要自负，没条件的家长也不要自卑。大部分父母是不精通外语的，就算精通，也可能不习惯在家里使用。其实，日常生活中有一个方法可以提高孩子的双语思维——同时说普通话和方言。这种情况常见于老人帮忙带孩子的家庭。而且，说方言比说外语具有更强的操作性，因为大多数父母的外语水平显然达不到方言的流利程度。但由于方言的"地位"不高，所以很多父母放弃了培养双语思维的方便法门。

> 父母不必强求老人说标准的普通话，或者阻止老人说方言。孩子1岁前因为父母上班而缺乏语言互动，就可能出现几个月的语言发育迟缓。如果语言空窗期更长，将会给孩子带来病理性语言发育损害。有老人带孩子的家庭，方言交流不但能弥补这一缺憾，还能培养孩子的双语思维。

ⓒ 边看电视边学说话，可能造成语言发育迟缓

在语言敏感期，孩子对交流充满渴求，尤其渴望与他最喜欢的人对话，甚至达到了让人烦恼的程度。虽然一直说话会口干舌燥，并且也说不出什么新的花样，但父母至少应该随时关注孩子的心思神情、手势动作，说出应景的话以匹配孩子的思想和活动，引起或等待他的回应。如果父母不能满足孩子陪伴、交流与情感的需求，孩子就会转向其他媒介寻求满足，如手机和电视。

不少父母由于沉迷于刷手机，没有注意到孩子说话的语境、上下文、指代的具体东西，因而搞不清楚孩子到底在说什么，也很难猜对，这往往会让孩子不满，导致更多的误解和亲子矛盾。还有一些父母在工作繁忙或哄不住孩子的时候，为了让孩子安静下来不捣乱，会丢给孩子一部手机，或者打开电视播放动画片，希望孩子能边看电视边学说话。但"电子糖果"是孩子难以抗拒和掌

控的，不仅起不到语言输入的作用，还会影响孩子的注意力和自控力，甚至造成语言发育迟缓、口齿不清等问题。而且，如果父母长期不关注孩子的动向，不与孩子交流，等孩子到了2~3岁，家长会忽然发现自己听不懂孩子的语言，尤其是孩子情绪激动时，更不知道他在说什么。原因之一就是，孩子跟着动画片只学到了一些碎片化的发音，很难完整明确地表达自己的意思。

韩博士育儿心得

关于父母对孩子说"婴儿腔"，部分父母担心这会导致孩子3-5岁后说话还是奶声奶气的。其实，导致孩子说话奶声奶气的原因还包括父母溺爱或其他问题。对2岁及更小的孩子来说，"婴儿腔"是非常好的语言养料。

关于给孩子看电视，美国儿科学会建议2岁以下的儿童不要看电视，2岁以上的孩子看得越少越好。对孩子来说，有益的电子学习是能约定好时间和频率，在父母的陪伴下完成的，而且要在孩子说话已经流利以后才不会对语言发育造成危害。在孩子看动画片方面，父母要有说一不二的权威，看什么、什么时候看、什么时候结束，要有相对固定的规则才行，不能被孩子"牵着鼻子走"。

音乐熏陶，
提升孩子创造力

　　说起音乐，人们通常的认知是它能陶冶情操，还是表达自我感受的一种途径。而从脑科学的角度来看，长时间持续的音乐熏陶不仅能提高孩子的创造力，还能提高语言、社交等其他智能。科学家曾让一些大学生边听莫扎特的音乐边完成智力任务，结果表明音乐能促进大脑的短期运作，这一实验得出的结论被称为"莫扎特效应"。后来，相关研究表明，不仅仅是莫扎特的音乐或其他古典音乐，任何令人开心愉快的音乐都能舒缓人们的烦躁情绪，促进思考。

◎ 不同年龄段孩子需要不同的音乐类型

在不追求专业技能的情况下，音乐熏陶的首要法则是寓教于乐。只有让人感到快乐的事情，大脑才渴望重复发生；让人感到不快乐的事情，大脑就不会渴望或促成它发生，而会有意无意地回避。

● **胎教音乐，妈妈听得开心最重要。** 胎教听什么音乐，取决于妈妈听了之后是否感到开心愉悦。音乐胎教是通过播放一些旋律优美的音乐，让胎儿的神经系统在非噪声环境中健康发育。胎儿最关注的是妈妈的心跳和说话的声音，如果妈妈哼唱的小曲欢快悦耳，胎盘里检测到的压力激素就会减少；如果妈妈认为听的曲子是一种噪声，血压、心跳、情绪、激素水平都会有所波动，进而影响胎儿。

● **给小宝宝提供多样的音乐体验。** 对刚接触音乐的小宝宝来说，最重要的就是给他提供丰富多样的听觉体验。喝完奶不想睡觉的时候，洗澡的时候，抱到室外散步的时候，都可以给小宝宝听音乐。父母也可以给小宝宝哼唱童谣，因为父母的声音更能吸引小宝宝。此外，父母还可以用不同材质的东西，比如摇铃、拨浪鼓、玩具钢琴等，制造不同的声音给小宝宝听。或者用两种物体轻轻敲出比较悦耳的声音，小宝宝也会很乐意听，说不定还能跟父母进行互动。父母空闲时还可以带小宝宝听听大自然里的声音，加深对大自然的体验。

● 幼儿歌唱启蒙，重点培养韵律感。幼儿歌唱启蒙主要是识别歌曲中的情感因素，而非追求唱歌、表演的技术。单就大脑的声音偏好来说，婴幼儿跟胎儿一样，依然最喜欢妈妈的声音，尤其喜欢妈妈清唱，而不是外放歌曲。因为清唱可以加入情感因素，具有个人指向性、亲和力、依恋感，可以提高孩子大脑对唱词和旋律的记忆。

● 持久化的音乐氛围，提升小学生的创造力。孩子从幼儿园毕业，就要开始真正的学习了。此时，父母可以用音乐为孩子创造良好的学习环境，提升孩子的创造力。在自由、轻松的氛围中，孩子可以自在地享受音乐韵律，在父母的陪伴下充满安全感地探索音乐世界，而不是在严厉的目光或棍棒的招呼下，哭哭啼啼地练琴。重要的是，父母能与孩子一同享受音乐，让孩子体会音乐的乐趣，这是被逼着上多少兴趣班都学不来的"乐感"。

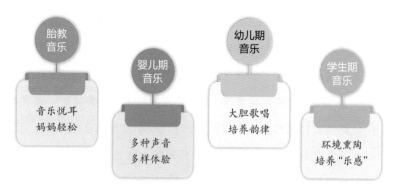

胎教音乐
音乐悦耳
妈妈轻松

婴儿期音乐
多种声音
多样体验

幼儿期音乐
大胆歌唱
培养韵律

学生期音乐
环境熏陶
培养"乐感"

不同年龄段儿童需要的音乐类型

◎ 音乐即兴表演，提升探索精神和创造力

孩子比较喜欢用动作来表达对音乐的喜爱，比如听到一段自己喜欢的旋律就手舞足蹈，还会跟着旋律变换动作。看到孩子的这种即兴表演，父母不要嫌弃孩子跳得毫无章法、肢体不协调、滑稽可笑，而要给予关注并赞扬："宝宝都会编舞了，爸爸妈妈非常感兴趣，可以教教我们吗？"要鼓励孩子大胆地按照生活中的经验自由联想，自由发挥。

等孩子善于用语言表达后，父母还可以选择那些孩子经常哼唱的儿歌，引导孩子对歌词进行改编，融入一个故事或是表达一种心情。这样活泼、轻松的环境可以培养孩子的探索精神与创造力，增强孩子的创作意识，还能激发孩子的爱好，促进孩子全面发展。

> 音乐蕴含的情感表达是创造力的体现，是很难训练的。想要通过音乐培养孩子的创造力，父母就要让音乐回归自我表达的本质，而不要有太多的功利性目标。

韩博士育儿心得

天赋催生了孩子的兴趣，兴趣展露了孩子的天赋，让孩子获得更多欣赏与表扬，才能由内而外地推动其天赋进一步发展。天赋和表扬的叠加会让孩子更加投入，更想获得赞赏。而兴趣严重下降往往意味着孩子已经意识到了某项活动真的很难，再坚持下去会暴露自己的无能，于是开始闹腾，产生亲子矛盾。音乐学习就是如此。

从脑科学的角度来看，在没有天赋的领域努力，就算坚持也很难取得超出常人的成就，而代价往往是孩子擅长的其他领域无法得到开发，或者错过了窗口期。

有时候，孩子只是暂时遇到了困难，果断地暂停一段时间，可能会带来"退一步再往前冲"的效果。既然父母具有心甘情愿放一放的勇气，那么孩子就可能会有重振旗鼓的动力，带着追赶、补上的心理动机继续努力。但如果孩子最终没能回归某领域，父母就要在坚持或放弃之间寻找一个平衡点，维护亲子关系。

运动能使孩子
四肢发达，头脑更聪明

不少人认为，四肢发达，头脑就会简单。这是错误的观念。孩子的运动能力、社交能力、认知和语言能力其实是相互促进的。父母从各个方面帮助孩子发展运动能力，不仅能让孩子变得更强壮，还能让孩子善于和其他人交往，语言能力、认知能力也变强。

运动从来都不是在浪费时间。孩子会在每一次锻炼中学习解决复杂的问题。从不会到会，从会到精通，这就是智力的进步。

◎ 感觉运动能力是认知发展的基础

瑞士儿童心理学家皮亚杰认为,0~2岁的孩子智力通常由感觉运动能力来表现,他们用动作、行为表达自己的想法、意图,而较少使用语言来表达。

孩子的运动能力分为大运动和精细动作两项。大运动指的是手臂、腿脚或整个身体做出的较大动作,比如翻身、爬行、走路、跳跃等;精细动作主要是指手部动作及手眼协调动作,比如用手指捡起地上的物品、搭积木、涂鸦、翻书、拿勺子吃饭等。

身体发育需要大量运动经验,这是孩子活泼好动的原因之一。运动不仅可以让孩子四肢健壮,还可以促进孩子大脑正常发育,提高大脑对各种信息的加工和响应能力。

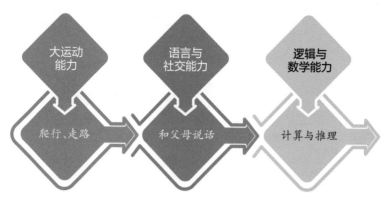

先发展运动能力,后发展语言与社交能力,最后发展逻辑与数学能力,心智发育的基本顺序古今中外都是一样的。因为大脑发育的窗口期是按基因设定依次打开的,只是时间点因人而异。

从脑科学的角度来说，跟感觉运动能力相关的运动智能是人类智能九大模块之一，不仅涉及视觉、触觉、听觉、前庭平衡、手眼协调、心肺功能，还涉及求生、自卫与避险，因而较先发育成熟。

对孩子来说，感觉运动能力是认知发展的基础，只是发育早晚、快慢有所不同。孩子的感觉运动能力基础没打好，大脑就会等待更多的运动时机，以增强运动脑区的神经可塑性，进而影响整体智力发育的速度。

◎ 父母过度保护，易引发孩子感统失调

感统失调是当今许多父母焦虑的问题。它的主要表现是孩子手眼协调能力不足，比如2岁以上的孩子用手去摸鼻子，却总是摸到嘴的位置，感觉不到错位。除了个别孩子是先天问题，大多数感统失调的孩子是因为缺乏手脚活动经验，进而导致神经可塑性不足，以及空间感与时间感的整合能力或经验不足。外在因素是部分孩子缺乏安全的活动环境，因而缺乏常规运动。

有些父母自己不擅长运动或行动不便、怕危险，就不敢轻易地让孩子多做大运动；有些父母因为过度防御、过度保护，不知道如何设置合适的安全边界，造成孩子后天发育迟缓。孩子对危险的敏感度很低，需要靠照料人的看护保证人身安全。但看护不等于"限制"，而是要清理危险因素并创造条件让孩子多运动。

刚学会走路的时候，很多孩子因为非常渴望在高低不平的路上锻炼，所以才会经常摔倒。孩子经常摔倒是很多父母带娃不敢放手的原因之一，也是很多父母经常唠叨、批评孩子、限制孩子而引起孩子挣扎哭闹的原因之一。父母有安全意识当然没错，关键在于把握自由活动与避免受伤的"度"。两个极端都有风险：过早的、不合场景的自由活动容易让孩子受伤，且不具有促进大脑发育的意义；过度限制自由活动则会推迟孩子大脑的发育，降低孩子的感觉运动能力，继而导致孩子运动避险能力薄弱，遇事需要父母干预，这样发展下去很有可能影响大龄儿童的自信心。

视崖实验

视崖实验是一种心理实验，主旨是考察婴幼儿是否具有深度知觉。如果婴幼儿在透明玻璃前出现停顿、迟疑、哭闹、回避，那就说明他们意识到了悬崖的落差。

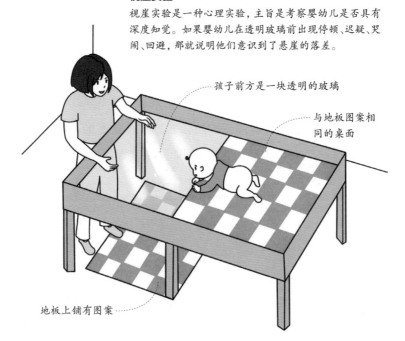

孩子前方是一块透明的玻璃

与地板图案相同的桌面

地板上铺有图案

视崖实验数据显示，大部分孩子到了6个月左右才能识别高度在28厘米以上的悬崖，对较低的悬崖毫无知觉。与好动、经常受伤的孩子相比，不爱爬行和挑战、安静、保守的孩子对视觉悬崖的感知能力更强。这可能会被理解成所谓的胆小，但其实这样的孩子更谨慎。对于行事谨慎的孩子，父母可以带头试错，带头冒险，带孩子一起运动。对于刚会爬的孩子，妈妈离开孩子几十厘米远，本能就会驱动孩子爬向妈妈。但是不要离得太远，让孩子觉得可望而不可及，这会引起大脑的恐惧反应，导致孩子恐慌性哭闹、安全感降低，变得更黏人。

◎ 在自然的运动中发展能力

一般来说，孩子在12个月左右学会独立走路，提前与延迟都是正常情况，但如果18个月以后还不会走路，则要去咨询医生。孩子能独立行走后，大运动能力基本及格，接下来就是练习跑步、跳跃、踮脚尖走路、踩马路牙子等更高级的运动技能。不同的孩子有不同的发育节奏，这主要是受基因差异和运动经验的共同影响。

孩子最喜欢自然的运动方式，比如跳水坑、挖沙子、扔石头等。直到5~6岁，还有可能非常渴望这样的运动方式，比如好朋友之间的追逐打闹。自然的运动方式可以让孩子的四肢得到锻炼、头脑变得灵活，还能促使孩子更懂游戏规则，具有社交"催化剂"的功能。

精细动作虽然看起来不起眼，但对促进大脑发育的作用也不容小觑。对于1~2岁的孩子，父母可以带他们抓、捡、撕、捏各种各样的安全物品，或者在家里玩串珠子、系纽扣、拧瓶盖、捏陶土等游戏，既开发大脑，又能拉近亲子关系。精细动作的极致就是写字，但要注意的是，过早写字容易出现偏旁部首写反、上下结构颠倒的问题，比如把"标"字写成"示木"。这是镜像书写现象，在六七岁之前出现都是正常的。

在运动智能发育关键期，父母需要时刻留心孩子的运动意向，无论是大运动还是精细动作，并适当帮助孩子解决一些难题，既不要让孩子卡在某个高难度动作上，长期受挫、发脾气，也不要让孩子明显感觉到父母的行为主导或影响了自己。

部分家长重视写字、绘画、弹琴等精细动作，而忽视大运动，导致孩子身体素质下降，这是不对的。大运动和精细动作不可偏废。当然，运动也不能太功利，父母不能因为知道运动好，就不顾孩子的意愿报各种班，比如同时学轮滑、篮球和游泳等，还提出硬性要求，一定要滑得比别人溜、打得比别人好、游得比别人快。孩子运动能力培养的重点不是学会多少运动技能，而是养成良好的运动习惯。

> 孩子如果在运动方面有所欠缺，可以把不同年龄阶段的大运动和精细动作重新训练起来。孩子只要没有基因性的先天问题，放开运动限制就能取得巨大的进步。

韩博士育儿心得

我经常看到刚上幼儿园的孩子被父母领着上写字班。也有父母和我说，孩子走到写字班门口就会呕吐。那么，到底什么时候练写字才真正合适呢？不妨以古为鉴。

据北宋史学家司马光记载，古人进私塾学写字的平均年龄是7岁。那时儿童用的是直径较粗的毛笔，写出的字比较大。因为主要靠手腕控笔、运笔，对手指精细动作要求较低，且多用站姿，半俯视桌面，视野较广，所以整体来说毛笔字对手眼协调能力的要求低于硬笔字。

铅笔之类的写字工具，直径较小，运笔时主要动用手指在狭小的空格中移动笔尖，眼睛距离纸面比较近，写出的字通常比硬币还小。孩子的眼睛长期保持近距离聚焦模式，容易逐渐丧失中远距离的调节能力而近视，随之而来的还有脊椎侧弯等问题。

总之，父母不必让孩子过早学习写字。可以适当推迟孩子学写字的年龄，或让孩子用毛笔写大字，否则很可能会提高孩子近视的概率，或者让孩子因受到负面评价而降低对写字及将来学习的兴趣。

跟孩子一起
"玩"数学

近来,早教市场也搞起了"内卷"。商家营造了一种只要刻苦训练,3岁小孩也能熟练进行乘法运算的错觉,掀起一股数学启蒙焦虑潮。然而,数理逻辑智能是九大智能中最后才发育成熟的,需要十多年的前期准备。在此之前,大脑更善于形象思维,适合学习具体的事物性知识,而非抽象的数理知识。因此,父母不要对孩子的数学能力期望太高。在日常生活中,如果能培养孩子对数字产生兴趣,数学启蒙就已经成功一大半了。

◎ 儿童数学水平的发展规律

3岁以前 ● 此时孩子对数学没有概念，只是在语言交流中学到了一些数字的发音。如果进行加减法运算，则会出现信口胡诌的现象，能给父母带来无数欢笑。

3岁 ● 部分儿童在3岁已具备稳定的计数能力。如果问100个3岁的孩子"一只手有几根手指"的时候，可能有70个孩子不是脱口而出"5"，而是要从第一根手指数到第五根手指，一旦被打乱就要从头数一遍。这说明他们此时只知道数到最后的那个数字代表刚刚数过的最大值。

4岁 ● 到了4岁，68%的中国孩子都能不依赖数手指而直接回答10以内的计数问题，比美国孩子早半年到1年，这源于中国人的数学思维教育，以及父母的无数次提问所积累的经验。

当抛开语言来测试不同年龄段孩子的内隐算数理解能力时，可以发现3岁的孩子已经明白2个饼干吃掉1个还剩1个。4~5岁的孩子中，90%的孩子能正确理解符号运算，如3-1=2。因为减法是逆向运算，对认知能力的要求更高。到了5岁时，大多数孩子已能熟练掌握个位数的加减法，但偶尔还要借助数手指或数一数具体的物品。

更为抽象的数学题目对于4~5岁的孩子来说是不可理解的。比如抛开实物演示,大部分孩子很难理解2+3=3+2,更难理解a+b=b+a、a+b+c=a+(b+c)。而这也并不算是数学的核心,分数、开根号、0、负数、无理数、方程式才是数学学习的开端,以此来衡量一个人的数理思考能力,则需等到青春期前后。我们的孩子在乘法口诀的背诵及100以内的运算方面具有强大的优势,但到了青春期、成年期却有很多人不喜欢学习高等数学。

◎ "玩"出来的数理逻辑智能

皮亚杰指出,2~7岁是人类思维的前运算阶段,不适合进行形式运算的教学。因此,在这个年龄段,我不推荐父母带孩子去上正式的数学早教课,但建议父母在语言交流的过程中跟孩子一起"玩"数学。父母该如何在"玩"中锻炼孩子的数学与逻辑推理能力呢?无外乎以下两点。

1 在亲子互动中加入数学游戏

2 "寓教于乐"的类比教学法

● 充满趣味的亲子游戏更容易激发孩子的积极性。美国教育心理学家布鲁纳认为，最好的学习动机是对所学材料发自内心地感兴趣。数学知识具有明显的抽象性，学起来枯燥无味，孩子年龄越小，越需要通过直接的、具体的方式来激发对数学的兴趣，从而激发学习积极性。

● 留心生活点滴，寓教于乐更轻松。数学教育无处不在，无时不有。孩子可以在各种各样的活动中了解周围的世界，可以很早就学会按颜色、大小、形状、空间位置和其他特征来区分物体，认识周围事物的数量关系。父母要有意识地往数理关系上去靠，例如亲子活动、假装游戏都可以与数字相关。父母要善于利用机会，引导孩子了解生活中的数学，懂得数学在日常生活中的价值。

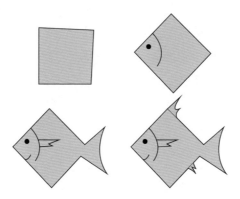

家长可以根据孩子活泼好动、思维直观的特点，在引导孩子学数学时加入语言、美术、图片、类比等"调味剂"，增强玩乐式学习的吸引力。例如，教孩子如何通过简单的几笔让正方形变成一条鱼，将抽象的知识具象化。

ⓒ 让孩子对数字感兴趣，就是最好的数学启蒙

父母要时刻记住一点，低龄阶段的数学教学要采用具体的形象思维，而不是高级的抽象思维。这是因为思维一旦形成路径依赖，则会阻碍与延迟数理逻辑的真正成熟。例如，用背诵乘法口诀来代替数学推理，会让孩子到了青春期难以产生推理型的数学思维，继续依赖"死记硬背"学习数学知识。

"玉不琢，不成器。"家长最应该琢磨的是，孩子的基因优势到底是什么。即便孩子具有数学天赋，也应该先促进基本的大脑区域发育成熟，比如运动脑区、语言与社交脑区，这些脑区的发育水平是影响一个人未来成功与否的重要因素，且往往具有更早的神经可塑性窗口期。在更早的窗口期内学习数学，花费的机会成本是巨大的，家长可能要用2~3倍的时间才能教会孩子一些简单的计算，而同样的时间用在运动、语言、社交等方面，则更能促进孩子大脑发育。数理逻辑的窗口期一旦到了，孩子的学习效率将倍增，说不定几天就能学会之前几个星期、几个月才能懂的内容。

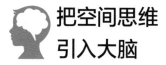

把空间思维
引入大脑

提到空间智能，父母也许会想到绘画技能。从生物学和脑科学角度来看，空间智能的基本内涵是一个人在充满危险的空间中幸存下来的导航辨向与避险能力，包括判断自己的位置、目标的位置和自己与目标之间的空间联系，以及判断危险物或目标在空间中的运动速度及瞬时位置，接住或避开运动中的物体，避免迷路、从高处掉落、跌入水池、撞上电线杆等事情的发生的能力。空间智能是性命攸关的一种能力，被哈佛大学的加德纳教授列为人类九大智能之一。因此，父母要帮孩子做好空间智能与其他身心智能的全面整合。

ⓒ 低龄儿童注重时间与空间整合能力

空间智能几乎是每个婴幼儿都具有的智能，它的基础是三维立体视觉，只需要最基本的感官经验刺激，比如听到、看到、摸到、踢到生活中常见的东西，就可以打开相关基因的潜能。

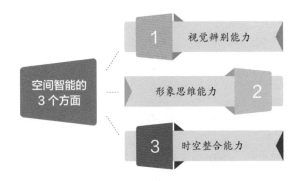

空间智能的
3 个方面

1 视觉辨别能力

2 形象思维能力

3 时空整合能力

● 空间智能的核心之一是定位运动中的物体。要想准确定位运动中的物体，就要把三维空间与一维时间整合起来。这是一种高级智能，需要更长的发育时间，孩子年龄不到就无法准确地抓住、踢到运动中的物体。在时空整合这个问题上，父母有必要帮助孩子做一些日常锻炼，比如经常让孩子在站着的时候做踢打、碰触的动作，在运动的状态下抓住运动中的物体。

● 极其缺乏运动的孩子有可能出现感统失调。有的孩子想把杯子放在桌子上，但可能经常把杯子送到桌沿外。如果孩子到了3~4岁，依然经常出现类似现象，那父母就要注意了，必须放开限制，先让孩子痛快地玩乐1~2个月，再看看效果。

◎ 大龄儿童要培养空间导航能力

婴幼儿主要是由父母带着到处玩，在这个过程中他们会记忆一些空间标志。2~3岁的孩子开始学着到处探索，记住环境中的新异刺激、特殊位置，但通常以父母为中心，看不见父母时就会返回或大哭。

简单的导航能力是指肉眼可以看见目的地，不管走哪条路，只要一直可以看见目标，就不会迷失方向。复杂的导航能力是指目标在出发时不可见，或在途中被挡住一段时间，需要在出发点、途中、遮挡物、目的地之间寻找可参考的空间标记物，靠的是视觉与空间记忆，以及旅途经验。

对三五岁的孩子来说，记住超过3个途中标记物，往往很难。更别说在途中产生恐惧心理，不确信自己能坚持走下去、可以发现下一个标记物等。父母应该时刻追随孩子的脚步，给孩子指点与解说一些特别显眼的必经之地的标记物。让孩子在安全区内自主探索，提高孩子的空间智能(包括空间记忆)。父母不需要规定或控制孩子的具体行走路线，要让孩子在漫游中经过无数次的身体记忆，蹚出一张自己的认知地图。

◎ 绘画、看图是空间智能的最终发展目标

人脑的空间智能最初主要涉及立体视觉与导航能力，与野外求生密切相关。随着人脑智能不断进步，人们开始把三维世界"画"在二维平面上，产生了多姿多彩的绘画艺术。与此相应，实地导航能力也提升到了画地图、看地图的层面。就绘画而言，每个人的发育水平是不一样的，专家常用画圆测试来评估孩子的基本绘画水平。

2~3岁的孩子，即便不会使用正确的握笔姿势，但只要可以画出弯弯曲曲的线条，并把运笔的终点拉回起点，使之大致接在一起，画出一条闭合曲线，就算是完成了画圆测试，说明孩子的空间智能发育及格。如果4岁后依然不能画圆，说明孩子绘画水平很低，空间智能较弱。而到了5~6岁，孩子能画出一些东西的大致轮廓，如房子、人、动物等的轮廓，那就说明孩子的绘画能力是中等偏上的。

在孩子画圆的时候，父母可以用一些空间词汇加深孩子对空间的认知。例如"左边的圆比右边的圆更大""在纸的中间画一个更大的圆"等。

◎ 提高孩子空间智能的训练

空间智能具有很强的可塑性，父母平时带孩子做以下训练，就可较充分地发展孩子空间智能的潜力。

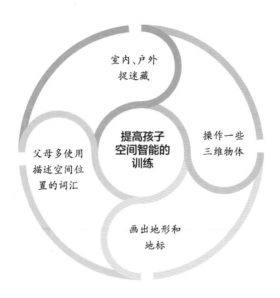

- 室内、户外捉迷藏。捉迷藏是很好的空间智能构建游戏之一，孩子一般也很喜欢。这个游戏在家或在户外玩都可以，但一定要确保安全。例如，父母可站在公园某一位置，大声呼喊孩子，让孩子根据声音来定位，选择走哪条路向父母靠近。随着孩子年龄增长，父母可以边喊边躲以提高难度，但千万不能一直让孩子找不到，以免孩子恐慌。

● 操作一些三维物体。孩子在自然场景中会反复观察、接触一些固定的常见物体，例如远处若隐若现的山丘、边走边踢的路边石头等。这些物体可以促进空间记忆的形成，动手动脚的经历更会加强身体记忆。父母还可以让孩子在运动中体验自己在三维空间中的旋转，有秩序的旋转体验可以促进孩子空间智能的发育。例如，爸爸和孩子坐在儿童电动车上，两人一起操控方向盘，到路的尽头时，爸爸握着孩子的手轻轻将方向盘向右打，这时电动车跟着转向，孩子的大脑会记住这种感觉。

● 画出地形和地标。父母可以与孩子一起玩绘图游戏，勾勒一下住处附近的地形与地标，标注非常显眼的建筑物，画出一幅"地图"。还可以根据实物用橡皮泥或软陶泥捏制建筑模型，然后放在地图相应位置上。父母还可以鼓励孩子从不同的角度观察地图上的路标，再尝试用语言描述地图上建筑物之间的位置关系。随着孩子年龄增长，父母可以带孩子绘制更远距离的路标，画出更为抽象的空间位置图，充分提高孩子的空间思维能力。

● 父母多用描述空间位置的词汇。要想促进孩子空间智能的发展，除了让孩子自己做一些动手游戏，父母还要尽可能说出一些空间位置的词汇来匹配孩子的活动过程，比如经常对孩子说"里外、上下、前后、左右、边角、对面"等词汇，而不仅仅是"这里、那里"。

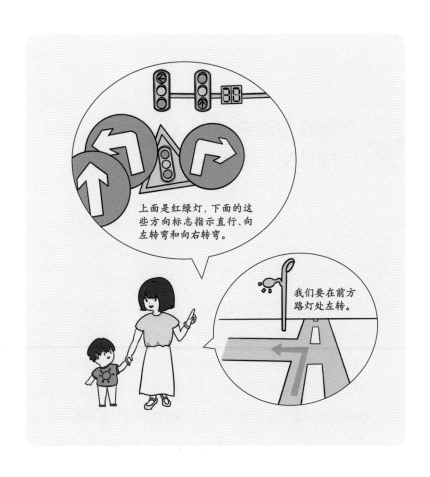

提高空间智能是一个全方位、跨通道、多模块的大脑整合过程，尤其是地点认知、导航能力，可能需要6~10年才能完善起来。在大脑最渴望学习空间知识的人生前几年，父母要多给孩子运动与探索的机会，多带孩子走路出行，少开车。

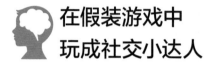

在假装游戏中
玩成社交小达人

　　对领导型人才来说，社交智能最为重要，尤其是在人情关系主导的社会中。因此，很多家长都希望孩子成为不怯场、会来事儿的社交小达人。如何提升孩子的社交智能？秘诀在于父母尽量在平常的玩乐活动中让孩子自主选择怎么玩，尤其是角色扮演、过家家等假装游戏，要让孩子主导故事情节，让孩子分别扮演强者、领导者、出力者、思想者、和解者、调停者等角色。

◎ 喜爱假装游戏的孩子社交能力更强

假装游戏是一种模拟事实推理的游戏，游戏中孩子可以给出一切可能的假设与想象，设计任何可能存在的人物角色、场景任务、问题解决方案等。没有被满足的愿望、没有经过锻炼的技能可以在假装游戏中实现和得到锻炼，孩子能预演自己可能遇到、可能做好的任何事情。在假装游戏的世界里，一切相对安全，因此假装游戏很像科学家所说的思想实验，它不受现实的束缚，但又符合一定的逻辑，具有极高的创造性。

孩子假装游戏玩多了，自然而然地就能学会待人接物、遵守社会规则。而善于玩假装游戏的孩子具有更强的心理推测能力，更能揣摩他人的心思、想法，社交能力更强。反之，具有社交障碍的自闭症儿童则极少会玩假装游戏。

红灯停，绿灯行，行人要走斑马线。

经常扮演交警的孩子更能理解交通事故的危害，非常乐于遵守交通规则，并会阻止父母犯规。

◎ 了解假装游戏的发展阶段，促进孩子社交智能发展

父母了解不同年龄段假装游戏的特点，能更好地培养孩子的社交智能。不过，孩子在会爬之前大部分没有玩假装游戏的能力，他们此时喜欢的是掰一掰自己的脚指头，摸一摸父母的鼻子和脸，拉一拉父母的眼镜，试图搞明白周围的事物到底是软的还是硬的，能否用嘴尝一尝等。

1~2岁 开始玩假装游戏。1岁至1岁半，部分孩子开始玩简单的假装游戏，通常是模仿大人的动作。1岁半至2岁，孩子玩假装游戏的次数急剧增加，而且五花八门，一切皆有可能变成假装游戏，如假哭、假睡、假吃，但通常只有一两个步骤或情节。

2~3岁 指挥家长玩假装游戏。很多孩子可以进行更复杂的假装游戏，比如"你藏我找""我发指令你做动作"，也可能会做一些角色扮演游戏，比如当医生给大家量体温，或者当交警指挥交通，步骤或情节变得丰富多样。此时恰好是孩子走向独立、主张自我的阶段，很容易出现角色争端、亲子矛盾，尤其是孩子让父母做什么配合动作，父母没听清或没理解孩子的意图，孩子就可能暴躁、愤怒。

3~4岁 ● 开始玩合作性假装游戏。初级的合作性假装游戏，一般是无计划的、没有事先讨论过的角色扮演游戏，情节的复杂程度因亲子互动经验、智商和情商的不同而不同，孩子往往要求自己扮演好人、胜利者、第一名，以及其他孩子认为厉害的角色。任何出力、动脑、用情、有爱的角色都是一种良好的自我认同，可以激发孩子的内驱力和自信心。父母千万不要歧视孩子喜欢的任何角色，而要夸赞这个角色的社会功能，例如环卫工人是"城市美容师"，同时要引导孩子完成类似的家庭任务，赞扬孩子的努力、动脑、用心。

4~5岁 ● 会积极设想、创造角色。孩子开始玩更为复杂的合作性假装游戏，开始积极地设想、创造角色，为参与者配台词、制定规则，游戏中断时可能会修改故事情节，而不是简单地选择放弃或停止。

>   假装游戏中，父母一定要积极配合，让孩子"多赢""多做""多乐"。父母掌控安全与原则问题即可，细节问题让孩子做主。

独自玩乐的能力是逐渐提高的，孩子慢慢就会在玩乐时自言自语、自我疏导、自我编排，一个人扮演两个人的角色，出现一些暴力的、攻击性的行为，比如撞坏汽车、消灭敌人等，甚至会有"爸爸是坏人""妈妈不要我了"等说法。遇到此类略显负面的游戏情境，父母不要贸然阻止孩子，只需时刻关注，让孩子在假装游戏中自然地释放情绪，之后再围绕孩子的心理状态，改善亲子关系和生活体验。

当孩子渴望与父母一同进行角色扮演时，父母要尽量让孩子做主，自己尝试加入一些更好的创意就可以了。而更大一点儿的孩子会对同伴之间的假装游戏产生更大的热情，在游戏中体会社交的乐趣，以及输赢的苦恼与愉悦。同龄人不会像父母那样让着自己，他们和孩子在合作中有着竞争与矛盾（主要是游戏规则、玩乐重点的矛盾）。孩子之间的非肢体冲突通常不需要父母干预，它们可以在思想的碰撞中得以化解，这其实也是一种历练与成长。假装游戏中，孩子逐渐会找到自己的角色，变成孩子王、小跟班、参与者、旁观者、孤立者或疏远者。

父母都希望孩子拥有领导力或者变成游戏决策者，这就要求父母从小给足孩子自信和赏识，让他们充满力量感、安全感，具有主动性、创造性，在亲子互动中较少受到束缚。但也不要嫌弃孩子扮演执行者、参与者的角色，因为在年龄较大或优秀的强者身边，孩子能观察、模仿、体会到很多东西。当条件成熟的时候，孩子也能展现出领导力及决策力。

多给孩子创造
观察和模仿的机会

　　九大智能之一的自然观察智能是大脑中的镜像神经元在起作用。它让孩子知道别人正在做什么，即使自己不动手操作，依然可以学会很多技能。大一点儿的孩子不但会模仿他人的动作与行为，而且可以识别、推测他人的意图及目标，为行动与结果建立因果关系。因此，观察、模仿是智力发育的根本途径之一，既能促进孩子了解世间万物的联系和相互作用，又能帮助孩子理解人们是如何相处和互动的。很多操作性的技能、人际关系方面的知识是父母难以具体描述的，这时就要靠孩子自己观察、模仿与揣测了。孩子直接学习比接受父母说教的效果要好得多。

◎ 观察和模仿是与生俱来的能力

满月 ● 孩子已经开始扫视眼前的东西，尤其喜欢观察父母的眼睛和脸的轮廓。这时候，孩子就像带着一面镜子，通过观察把他人与物体映入自己的大脑。

8个月左右 ● 大部分孩子以为镜子中的自己是一个外人，看到镜子里面有个人在动，可能会爬到镜子后面去找，或者拍打镜子中的人。

1岁半左右 ● 孩子慢慢明白人与物的区别、他人与自己的区别。在观察他人的过程中，孩子逐渐意识到镜子中的人就是自己。在这之后，由于有了自我意识，孩子开始酷爱照镜子。

随着年龄的增长 ● 孩子的观察能力越来越强，对他人的行为与意图，对事情的走向会有一定的预测和判断，比如门开了应该就是妈妈回来了。

　　科学家做过这样一个实验：妈妈把脸正对着几个月大的小宝宝，缓缓伸出舌头，让宝宝看清楚自己的面部表情，然后每隔几分钟做一次吐舌头的动作。重复6~8次之后，神奇的事情发生了：宝宝开始学着妈妈的动作，也伸出舌头。可见，模仿能力是与生俱来的。这个实验也表明父母是孩子非常重要的观察与模仿对象。父母应该随时展现自己的优点与长处，尽量避免亲子互动中的不当言行，否则哪一天孩子学会这些不当言行并回一句"你不就是这么做的"，哑口无言的就是父母了。

父母作为孩子最先接触、最亲近的人，本身就是孩子的"镜子"，其言行举止、面部表情、语气态度是孩子最可能模仿的。

ⓒ 观察和模仿能提高多种智能

● 观察口型、模仿舌头的动作是学习语言的必经之路。当听觉能力发展之后，孩子开始边听边模仿父母的发音，否则就学不会说话。自闭症患者的缺陷之一就是语言障碍，而导致语言障碍的根源就有患者从小对父母和其他人缺乏关注，极少观察和模仿他们的语言、动作，兴趣和关注面极其狭窄，执着于刻板的、重复性的自发行为，从而生活在自我孤立、自我封闭的世界中。

● 观察和模仿可以提高孩子的行动力、理解力和创造力。对孩子来说，学习是一个从无到有、从陌生到熟悉的过程，这个过程是从观察和模仿开始的。观察得越仔细，模仿得越多、越深入，孩子的大脑就会得到更多的环境经验刺激，孩子就会对事物及人际关系的本质有更多的体验与理解，也就有了创造性思维的基础。

> 孩子是父母的一面镜子，能照出父母的原形。比如孩子攻击性很强，很可能是在家中耳濡目染地学会了父母对待自己的方式。因此，在育儿过程中，父母要言传，更要身教。

ⓒ 孩子倾向于模仿喜欢的人和开心的行为

孩子观察模仿的对象主要是他们喜欢的人和角色，较少模仿或学习让他们恐惧的对象。家人、老师、同伴、虚拟角色在孩子眼中都可能是富有智慧的权威。在模仿行为时，孩子倾向于模仿他人有趣的、成功的行为，或者让人开心的行为，而不会模仿失败的、无趣的、让人难过的、遭到即刻惩罚的行为。

在一项实验中，专家让父母趴在地上，然后用头撞击架子，把架子上的玩具震落下来。孩子看到以后非常吃惊，并没有模仿父母的行为。孩子搬来椅子，站上去用手把玩具拿了下来。这说明孩子明白了父母的意图。只有当父母的意图和行为相匹配时，孩子才会模仿父母的行为，否则就会按自己的想法来行动。

家长趴着用头撞下架子上的玩具，给孩子"示范"如何取下高处的物品。

孩子没有模仿家长的行为，而是站在椅子上将玩具取下来。

© 为什么孩子"坏的一学就会"

如果孩子想做一件事，如走马路牙子、玩水枪、踩水坑等，但总被禁止，那么他们看到别人在做的时候就会想模仿，而且会有一种想法：为什么他可以做，我不能做呢？我要跟他一样，否则我不如他。这就是父母所谓的"孩子容易跟着别人学坏"的原因之一。正面的、有益的事情父母都想让孩子做，但在长期逼迫或要求下，孩子做多了也许会产生逆反心理。那些"不好"的事情孩子还没有做过，出于好奇、模仿、攀比，于是出现一种现象：好的不学，坏的一学就会。

一些父母怨其他孩子教坏了自家孩子，这当然是有一定道理的。但其他孩子的坏行为只是外界触发因素，自家孩子的内在行为倾向才是根本，这是由基因决定的，具有先天的释放机制，否则自家孩子怎么可能一学就会呢？

> 父母不妨换个角度想一想：一件事如果不太危险，孩子不可避免地要跟别人学习，何不让孩子主动先做，让别人去模仿他、跟他学！如此一来，孩子的地位就变了，而且很快就会觉得那件事没意思，自然而然就不再做了。否则，父母越禁止，孩子越好奇，防也防不住，而且孩子总是做在别人后面，慢人一步。

Ⓒ 帮孩子选择积极向上的虚拟榜样

对孩子来说，虚拟榜样主要是指动画片和儿童绘本中出现的形象。如果选择看动画片，父母需要合理控制孩子使用电子产品的权限与时长。虽然看动画片是大龄儿童了解世界的一种生动、形象的方式，但也有让孩子沉迷其中的风险。

父母的任务是掌控孩子可以接触到的角色形象，筛选一些正面榜样，让孩子观察、模仿这些角色的语言和行为。有心的父母甚至可以和孩子演"对手戏"，让孩子来扮演榜样，加深印象。虚拟榜样能给予孩子力量，但也不要过分依赖，不要让孩子喜欢的角色变成束缚他们的"管家"。

有正面角色，就一定会有负面角色。负面的虚拟角色起着消极作用，大部分孩子是不愿意扮演的，如小偷、捣蛋鬼、随地扔垃圾的人等。除非孩子经常被负面评价，已经形成了负面的自我认同。

积极向上的虚拟角色能对孩子的成长起正面引导作用。例如，消防员、医生、老师等动画角色可以让孩子学会如何像他们一样勇敢、果断、乐于助人、分享知识。

**如何帮孩子
提高专注力**

孩子注意力不集中、好动是大部分家长都担心的问题。但实际上，大部分孩子在6岁之前本来就注意力易分散、好动。"我家孩子在幼儿园里总是坐不住，还老影响别的小朋友""我家小孩每次玩一样东西，还没一会儿就要去做别的事""睡前给他讲绘本，故事长了就不想听了"……家长关于孩子专注力很差的焦虑其实是心理投射导致的错觉：因为注意力集中是成人的优点，所以孩子也被误认为应该具有这个优点。这一节，我将用脑科学的知识带家长了解孩子的专注力，再谈谈如何真正有效地提高孩子的专注力。

◎ 孩子注意力不集中很正常

科学家根据监控发现，低年级小学生注意力集中的平均时长为20分钟，幼儿园孩子则是5分钟左右。通过这组数据可以看出，不同年龄段的孩子，保持专注力的时长差异很大，因人而异、因事而异，但都是正常情况。作为成年人，父母自己都很难在开会时全程听别人发言，却希望孩子长时间集中精力看绘本、听老师讲课，这是不现实的。

孩子不会刻意关注某一特定信息并屏蔽其他信息，也不会识别所谓的"干扰信息"，而会注意周围所有事物。因为周围所有事物对他们来说都是新鲜事物，都值得关注。

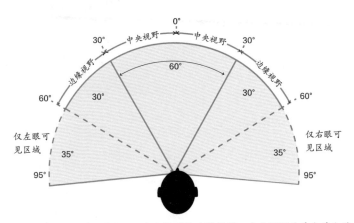

人的眼睛同时具有两个视野：中央视野和边缘视野。中央视野是看向前方的，当人们有意识地想看某个东西的时候，就会正对着它，比如听老师讲课的时候看着投影或黑板。边缘视野指的是眼睛的余光所及区域，比如人们边走路边说话的时候会无意识地扫视四周，避开石头、台阶、路障等危险物。对儿童来说，这两个视野的切换很频繁，以确保自己身处安全环境中。

幼儿园孩子无法关闭眼睛的余光，中央视野和边缘视野是频繁切换的，所以孩子会左顾右盼，东张西望，对周围事物充满好奇，随时准备把中央视野拉到边缘视野，因而具有眼观六路的特性，善于搜索危险事物。正是这种十分广泛的注意力，造就了具有非凡学习能力的孩子，让他们比成年人更容易构建新的知识图景。而随着年龄的增长，孩子见的东西越多，新鲜感越少，无意识信息处理能力越强，忽略的信息越多，自然就能识别什么有用，什么没有用。

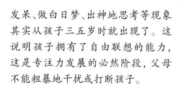

发呆、做白日梦、出神地思考等现象其实从孩子三五岁时就出现了。这说明孩子拥有了自由联想的能力，这是专注力发展的必然阶段，父母不能粗暴地干扰或打断孩子。

分离焦虑、不安全感也会影响注意力。即便父母跟孩子保证过幼儿园很安全，但孩子进园后还是会不停地扫视，部分孩子还会大哭大闹、僵化呆坐，此时孩子更难集中注意力。遇到这种情况，父母不能责怪孩子，而要考虑分离焦虑。另外，新环境、新同伴给孩子带去的不安全感，或者周围事物太具有吸引力，又或者孩子开始具有自由联想的能力，这些因素都会让孩子看起来注意力不集中。而注意力分散是孩子正常发育过程中的必经之路。

总之，父母应该认识到，孩子敏感而灵活，可以通过分散的注意力来识别环境的细微变化。只有在注意力广泛的基础上，才能谈专注力。

> 孩子年纪越小，大脑有意处理的信息越多，因为大多数事物对他们来说都是新奇的，都是需要注意的，都值得去观察或摆弄。

ⓒ 减少外源性刺激，父母以身作则

现在中小学生及成人最沉迷什么？手机、动画、游戏。比起孩子的东张西望，这些才是"学习杀手"。为了锻炼孩子的专注力，以下是几个方便实用的建议。

父母少干扰，多关注，及时干预，确保孩子思维连贯

在亲子互动时，父母以身作则，先集中自己的注意力

提高专注力的方法

把分散注意力的事物拿走，让其远离孩子

● **减少干扰和干预因素，孩子思维更连贯**。孩子在玩乐的时候，通常是东摸摸、西摸摸，"捡了芝麻，丢了西瓜"，不知道哪个更有价值。这时，一些父母就会干预、提醒，指导孩子应该这样做或者那样做。这不仅干扰孩子的专注力，还会导致亲子矛盾。在没有危险的情况下，父母不应该干预孩子的自主探索与观察思考，要尽力营造孩子集中注意力做事的环境。但切记一点，不干预不等于不关注。如果父母发现孩子遇到了困难，即将失败或受挫，就要及时干预，提供帮助或降低难度，否则等孩子情绪崩溃以后，父母可能要花更多的时间与精力去安抚。

● **排除分散注意力的因素**。孩子上学后，有作业要完成，刚开始孩子会觉得新鲜，但时间长了，没了新鲜感，做作业就会成为负担。此时，孩子脑海中就会联想玩手机、看动画片、吃零食、玩玩具等画面。与此同时，父母可能正在做饭、洗衣服、看电视、玩电脑，这些干扰和刺激会引起孩子注意力偏移和情绪波动。因此，父母最好把手机、零食、玩具放得远远的，尽量避免让孩子看见。另外，经常切换孩子的注意目标，也会浪费时间，破坏孩子的专注力，所以父母不要频繁地问孩子是否渴、是否热。

● **父母以身作则，言传身教**。在亲子互动中，父母如果注意力不集中，不知道孩子在玩什么、想什么，等听见孩子叫自己的时候才反应过来，那就很难跟上孩子的玩乐思路、行为意图，容易答非所问，甚至激起孩子的愤怒。因此，陪孩子玩的时候，父母要尽量全身心地投入互动。当父母居家工作时，就换其他家庭成员来陪伴孩子，并与孩子约定不要进入工作空间来打扰自己。父母不要一边工作一边指点孩子，和孩子互动，要划清工作与游戏的界限，做一个专注的好榜样。

> 只要父母注意力集中，孩子就会集中注意力一起互动。这时平稳地转移孩子的注意力也没有问题，孩子可能还会跟父母学会这种认真的态度。

◎ 顺应大脑喜欢的信息，培养内在专注力

孩子的专注力除了容易受到外源性刺激的干扰，也会受到内源性刺激的影响。上文几种方法都属于减少外源性刺激，而要让孩子真正专注，最好的方法是靠他的内在兴趣来维持。

● 多去不同的地方，让孩子"沉浸式"玩乐。大脑天生就对新鲜的、异常的信息格外注意，尤其是在自然环境中。随时关注多种信息能促进空间视觉智能的发展，从而提高一个人的避险能力、预判能力，避免意外发生。大脑会把固定不变的东西当作不重要的信息，因此一个地方去腻了，孩子就不会再"沉浸式"玩乐，需要暂停一段时间，否则孩子很难保证专注力。

● 分解步骤，降低难度，引导孩子完成一个个任务。专注力不是通过逼孩子闷头做一件事培养出来的。孩子真正做到内驱性的专注还得靠引导，比如父母经常让孩子专注于当前的一些小任务。循序渐进地一个个完成后，自然回味无穷。那怎么引导呢？父母要先想一想：孩子什么时候最专注。绝大部分父母会说是玩游戏的时候。没错，游戏之所以能吸引人，核心原则是一步一步通关，简单好玩，容易让人获得成就感。向游戏的内在逻辑学习，能提炼出以下3个培养内在专注力的秘诀。

ⓒ 培养内在专注力的秘诀

● 父母即时反馈。即时反馈让人随时获得可控感、成就感，乃至新鲜刺激。很多父母在给孩子布置任务后会立马拿起手机消磨时间，等待孩子完成任务。这样做是不对的。父母应该换一种方式，尝试给孩子即时反馈，不断鼓励孩子。比如让孩子画画，其间可以点评一下："哇，这个冰激凌的颜色你涂得好漂亮。"这样的反馈比较具体，是孩子非常喜欢和渴望听到的。这种情况下，孩子通常会有兴趣继续往下画。

● 多重通路，多样玩法，小目标渐进。条条大路通罗马，选择变多了，人的压力就会更小；如果只有一条路，则容易走进死胡同，导致放弃。父母要给孩子设定容易完成的一个个小目标，并让孩子有兴趣进行更高难度的挑战的目标。

以公园寻宝为例：第一个宝藏一两分钟就要让孩子找到，先让孩子尝到胜利的滋味，增加兴奋劲儿，然后逐渐把宝藏放到更远或更隐蔽的地方，让孩子花费更多时间才能找到。孩子每次找

到后父母都要给予表扬，让孩子更想挑战自我，寻找下一个宝藏。这样一来，孩子就不会轻言放弃，专注力得到了培养。

●获得实在的成就感及内在激励。简单来说，内在激励就是一种自我能力的确认——这件事我喜欢，我做了，我克服了困难，我完成了，我很开心。为什么简单的小游戏，如连连看、消消乐会让人上瘾？因为它们设置了恰到好处的难度，让玩家证明自己有能力破解它，感受到这种力量，就想一再体验。但父母要严控孩子玩电子游戏的时间和内容，避免上瘾。可以采用类似的方法把孩子的兴趣引导到读书、学习上。比如练习钢琴曲，一开始先从简单的旋律开始，不要超过孩子的能力范围，让他拥有成就感，之后再练较难的曲子。要分段进行，今天一小段，明天一小段，每一段好像都不难完成，这样做可以给孩子带来持续不断的成就感，最后不知不觉孩子就完成了一个令人惊喜的技能跃迁。

第3章

让理性脑调控情绪脑，
塑造孩子好性格

　　孩子的情绪变化很快，上一秒还笑得无比灿烂，下一秒就大发脾气。父母对这种来得快去得也快的情绪很头疼，一不小心，自己也变成"情绪怪兽"，跟孩子互相伤害。

　　其实，孩子并不是故意要与父母作对，而是他们的大脑无法成熟地控制自己的情绪反应。如果大脑整合得好，那么无论是孩子还是父母，都可以让理性成功驾驭情绪，拥有良好的情绪管控能力。

了解孩子的先天气质，
做因材施教的父母

　　先天气质是孩子出生时就带有的性格倾向，也就是大人眼中的各种"天生"：天生好动，天生害怕陌生人，天生难哄，天生睡眠时间短、入睡浅，天生挑食……

　　孩子出生时并不是"一张白纸"，每个孩子的天性、气质、行为风格是不同的，有的很难养，有的很好养。父母育儿不能为了省事，只追求好养，因为任何类型的孩子都有优势和优点，要因材施教，根据不同类型采取不同的教育方法。父母只有了解了孩子的气质类型，才更有可能减少亲子矛盾，理解孩子不是故意对抗父母、不是刻意让父母难堪、不是有意激起父母的愤怒。

◎ 四种主要的先天气质类型

纽约大学医学院的切斯教授和托马斯教授做了一项研究，从九个维度来判断儿童的气质。以下三个维度对于判断孩子的气质类型较为重要。

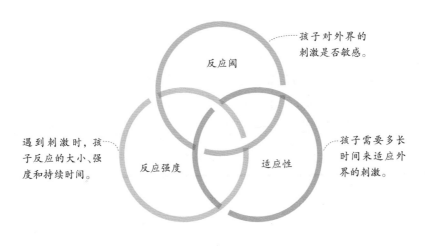

判断孩子气质类型的三个维度

●反应阈。用来判断孩子对声音、温度、气味或其他日常刺激是否敏感，遇到多大的刺激才会有反应。比如，是很小的声音就能引起孩子的注意，还是很强的声音才能让孩子有反应。

●反应强度。遇到刺激有没有反应是一方面，反应的大小、强度和持续时间是另一方面。比如，有的孩子睡觉时出现惊跳反应，只持续几秒，手脚一抖、身体扭几下或睁开眼看看就又睡了；有的孩子却能大哭半小时，再怎么哄也很难入睡。再比如，如果父母不给孩子买心爱的玩具，他的反应是不是很强烈：是大哭大闹，还是轻微地抗议、默默地叹气。

●适应性。能否适应环境的变化，需要花多久的时间才能适应新事物，是很快还是很慢。比如换新的澡盆、奶瓶、衣服、玩具后孩子是否会哭闹；第一次见到陌生人，比如育儿嫂、幼儿园老师，孩子是否会大哭大闹，需要多久才能接受陌生人靠近。

根据脑科学的研究，这三个维度衡量的是孩子大脑的应激反应或恐惧反应，也就是杏仁核脑区被外界刺激激活的难易程度和反应强度。根据经验分析，如果孩子在很多情况下都容易被激活，反应强烈，难以适应新变化，则属于"难养型"；反之，如果孩子很难被激活，反应很弱，容易适应新环境，则属于"易养型"；如果各方面都处于两个极端之间，反应有强有弱、时强时弱，则属于"慢热型"。当然，有些孩子个性很复杂，难以归类，具有两种或两种以上的特点，可以算作三种类型之外的"混合型"。

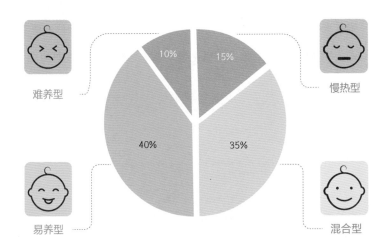

孩子的四种先天气质类型

- 难养型。大约有10%的孩子在日常生活中没有规律性，遇到微弱刺激就会"爆炸"，情绪反应非常激烈，坏心情居多，经常发脾气；对周围环境适应性低，排斥新事物，不接受改变；固执、耐性不足、性格急躁。

- 易养型。40%的孩子在日常生活中作息规律，情绪稳定，反应喜人，好心情居多，很少发脾气；对周围环境适应性较好，容易接受新事物、新变化；注意力容易转移，不固执，耐性好。

- 慢热型。15%的孩子处于难养型和易养型之间，时间久了就能形成规律，情绪反应适当；对周围事物适应性一般，但能逐渐走上轨道；专注力、耐性方面比较均衡；性格大多以慢热为主。

- 混合型。35%的孩子不符合前面说的三个类型，而是在某些情况下表现出易养型的特点，又会在另一些情况下表现出难养型或慢热型的特点。

◎ 气质类型非绝对，但有助于弱化亲子矛盾

气质类型不是对孩子下绝对定义，孩子某段时期属于某一类型，并不代表就终生都是这个类型。亲子关系、师生关系、同伴关系的重大改变都有可能改变孩子的性情与行为风格。

父母自身也具有特定的气质，如果孩子恰好如你所愿，是你想要的类型，那就会减少很多亲子矛盾。但如果亲子之间的类型不匹配，那就会有很多矛盾。父母也应该了解自己的气质类型，积极地顺应孩子的气质，引导孩子的具体行为，而不一定非要改变孩子的气质。

孩子的气质类型在很大程度上是由大脑的应激反应模式决定的，主要受基因、神经可塑性、压力激素、应激源等的影响，是父母无法完全掌控的一个结果。

根据孩子的气质类型"因材施教"才能事半功倍。如果用激进的方式对待"难养型"的孩子，可能会强化其逆反心理，使其更不好管教。

顺应天性，微调孩子的大脑

基因的表达是可以修饰的，大脑也是可以微调的。孔子说过"因材施教"，老子说过"以柔克刚"，如果父母都能做到这两点，那么几乎所有类型的孩子都可以拥有更好的性格。

● 难养型孩子，父母要少争辩，多引导。父母不要跟孩子对着干，而要坚定但不暴躁，温柔以待、静心养育，用自己良好的行为感化孩子，用热情、关爱温暖孩子；父母要注意引导孩子的情绪表达，鼓励和允许孩子在年纪较小的时候释放情绪和压力；遇到事情时，父母要少说话、少争辩，多观察、多等待、多安抚，重点培养孩子的耐性。

● 易养型孩子，父母不要过度夸奖。父母要鼓励孩子大胆说和做，允许孩子出错和争辩，而不能过度赞扬孩子的听话、懂事，避免孩子从小养成服从权威的习惯，导致缺乏主见，变得懦弱，或容易放弃。

● 慢热型孩子，父母少点控制和说教。父母要多肯定、多鼓励、多示范，少干预、少控制、少说教。父母可以引导孩子做一些其他孩子都可以做的事情，耐心等待孩子逐渐活跃起来。

● 混合型孩子，父母要及时调整育儿策略。父母要灵活运用多种策略，在不同的场合和孩子不同的年龄阶段，做出不同的调整。

韩博士育儿心得

俗话说，"江山易改，禀性难移"。由性格导致的行为是多变的，但行为的总体风格是相对不变的。孩子在6岁大脑发育基本成熟之后，禀性就形成了，过了青春期就定型了。但如果父母从一开始就意识到孩子的气质类型，有意识地做出行为调整，采用温和、友爱的教养方式，顺带给孩子进行全脑整合，孩子发生巨大的改变还是很有可能的。

认识依恋，
满足孩子爱的需求

依恋指的是儿童与主要抚养者（年幼时通常是妈妈）构建起来的亲密关系，是大脑发育良好的重要标志和保障。20世纪初，奥地利精神分析大师弗洛伊德指出："孩子在童年早期与父母建立起来的亲密关系会影响人的一生。"

爱的本质是关怀，是依恋，自然的亲密接触可以让孩子感到爱的温暖。亲子间肌肤接触还可以促进"快乐激素"的分泌，而孤独无爱的生活会让孩子升高血液中压力激素水平，影响大脑发育。

ⓒ 亲子依恋是比物质满足更深层的需求

美国心理学会前主席哈利·哈洛做过一个震惊学界的恒河猴实验，不仅间接证明了安全感与依恋理论，而且一举推翻了传统行为主义的育儿策略，比如"哭声免疫法"，即宝宝哭了，父母不能立马就抱，否则就会导致宝宝继续哭。

实验中，笼子里的小猴子一出生就离开了妈妈，研究人员为它们制造了下面两种类型的"代理妈妈"。

身上绑着奶瓶却带刺的"铁丝妈妈"。

不能提供营养却触感舒适的"绒布妈妈"。

实验结果表明，小猴子并不喜欢"铁丝妈妈"，只有饿得忍无可忍的时候，才到"铁丝妈妈"身边喝点奶，一旦饱了，就像逃避瘟疫似的离开"铁丝妈妈"，跳到"绒布妈妈"身上玩来玩去。如果只有"绒布妈妈"，小猴子当然可能饿死；但如果只有"铁丝妈妈"，小猴子不会饿死却会出现很多行为问题。这个实验证明了物质营养对孩子来说只是最基础的东西，对于人的全面发展来说，更重要的是温暖关爱与亲子互动。

有了"绒布妈妈"，小猴子更活跃一些，但它毕竟不是亲妈。猴子小的时候越缺乏妈妈的关爱，长大以后就越缺乏社交能力，容易出现多种多样的异常行为，包括暴力、自残或刻板行为。如果在"绒布妈妈"的基础上，再配上一两个同伴陪它玩耍，小猴子的行为问题会少一些，这说明小猴子需要温暖、可以互动的陪伴者。它们虽然不能为小猴子提供优质的物质生活，却可以提供很重要的精神营养——温暖关爱与互动。

除了饥寒交迫的极端情况，绝大部分的孩子，只要家庭关系稳定、有人关爱他们，就不会有智力发育和性格问题。父母不要因为家庭条件不够优越而觉得亏欠了孩子，徒增焦虑。

◎ 依恋的四个发展阶段

孩子对父母的亲密依恋是怎样形成的？英国精神分析学家、儿科医生鲍尔比的研究结果是这样的。

0~3个月 ● 无差别的社会反应阶段（依恋预热阶段）。孩子这时的依恋行为是不区分对象的，对谁是照料者并不强求，"来者不拒"，但最敏感的人是妈妈。当妈妈想抱孩子时，孩子会寻乳、吮吸、抓握和调整姿势来配合被抱。

依恋预热阶段：

0~3个月

孩子会无差别地对任何人微笑

3~6个月 ● 选择性社会反映阶段（依恋形成阶段）。孩子的依恋行为指向几个经常照顾自己的家庭成员。孩子可以通过声音、外表来区别不同的对象，但仍然不怎么挑剔，谁来安抚都可以，只要能猜透自己的需求。女性天生更有能力来回应孩子的需求，更容易让孩子由哭闹变得平静。当然，男性也可以学着揣摩孩子的需求，获得孩子的认同和微笑——对照料者表示满意和感谢。

依恋形成阶段：

3~6个月

孩子会有差别地依恋几个人，但不挑剔

6个月至两三岁 特定依恋阶段(依恋过热阶段)。孩子可以通过四肢活动主动接近依恋对象。爸爸如果长期不照料孩子,那么此时就很难再获得孩子的偏爱。相反,日夜操劳的妈妈此时可能会感到孩子太黏人了,连上厕所孩子都要跟来,或者大叫。无论父母是否觉得难堪,哭闹和追随正在离开的妈妈,对孩子来说就是一种自然设定的正常行为。大部分孩子在这一时期还是以自我为中心,并不能站在成人的角度思考问题,因此才会造成很多亲子矛盾。

依恋过热阶段:

6个月~两三岁

孩子会极度依恋一两个人而排斥其他人(害怕陌生人)

两三岁之后 ← 目标调整的参与阶段(依恋修正阶段)。此时，孩子以自我为中心的心理特征减弱，能够从父母的角度看问题，能够推断出父母的想法、安排和动机，能够根据父母的行动规律来调整自己的目标，不再为父母的离开而随意哭闹。但部分孩子在入园、入学后会发生"退行"行为，出现更明显的黏人、哭闹现象，就像是婴儿行为的复归，其根本原因是入学打破了已有的亲密依恋和安全感，陌生的环境和人引发了孩子大脑的恐惧反应，孩子因此哭喊着找妈妈，想回到自己的"安全基地"。

依恋修正阶段：

两三岁之后

孩子适度依恋一两个人而不排斥其他人(适度接受新人)

◎ 亲子依恋的四种类型

不同的养育方式会导致不同类型的依恋关系，也就是常说的不同类型的安全感。鲍尔比的理论刚一出现，学界十分怀疑他没有实验数据支撑。随后，他的同事玛丽·安斯沃斯采用"陌生情境法"，

儿童的依恋类型	父母的心理行为特征与养育方式
安全型 （约占68%）	父母能够将心比心、共情敏感，留心孩子发出的信号，理解并及时做出恰当的回应，让孩子相信父母是值得信任的。 家庭因素：妈妈对婚姻的满意度较高，家庭关系稳定，情感压力较小。父母童年愉快经验居多，或已对痛苦释怀。
矛盾型（缠人型） （约占21%）	父母内心焦虑，控制欲强烈，对孩子的反应不稳定，忽冷忽热，随着情绪变化，给孩子以不确定的危机感。 家庭因素：夫妻关系不稳定，矛盾较多，有暴力现象，父母童年不愉快经验居多，或对痛苦仍未释怀。
回避型 （约占8%）	父母很少表达感情，或情感冷漠，长期拒绝、忽视、回避孩子的亲密需求，或刻意坚持让孩子独立，让孩子放弃了与父母亲密接触的渴望。 家庭因素：夫妻关系平淡，不愿表达情感，认为关系亲密不好。
混乱型 （约占3%）	父母对孩子有长期的虐待或暴力行为，尤其是1岁前的照料行为带有攻击性，比如用力摇晃孩子，让孩子感到恐惧。 家庭因素：暴力的夫妻关系，创伤性的童年经历，原生家庭具有多种不良亲子经验。

注：儿童的依恋类型百分比数据来自复旦大学丁艳华博士对上海儿童的研究，英美儿童中安全型约占60%，矛盾型（缠人型）约占20%，回避型约占15%，混乱型约占5%。

测出了三种亲子依恋类型，再传弟子玛丽·梅因测出了第四种依恋类型。此后数十年，该理论经受住了众多学者的检验，展现了其正确性及应用价值。

12~24 月龄 陌生情境测试结果	孩子幼儿园及青春期前后的社交表现
孩子与父母分离时会哭，但时间短，抗拒分离的程度适中，很快能被其他人安抚，乐于互动；发现父母回来后，会开心地奔过去，没有抱怨、愤恨的迹象。	孩子入园时分离焦虑较轻，乐于融入同龄人，喜欢老师。青春期社交良好，成人后相信异性，享受合理的依赖和被依赖关系，安全感充足。生儿育女后焦虑较少，乐于亲近孩子。
孩子与父母分离后很焦虑，大哭不止，无法被其他人安抚，甚至会踢打玩具或他人。父母回来后，孩子在父母怀里会大哭，甚会踢打父母，但又缠着不放，让双方都感到烦躁。	孩子入园时分离焦虑严重，抗拒老师的安抚，很难融入同龄人。青春期社交较差，成人后对异性既想亲近，又怕被抛弃，没有安全感。女性产后抑郁较多，对孩子忽冷忽热，控制欲较强，育儿过程中易烦躁。
孩子与父母分离时，正常的留恋较少，不需要其他人安抚，但测试表明压力激素较多。父母回来时，孩子不会表现出特别高兴，不寻求身体亲近。	孩子入园时分离焦虑不明显，对同龄人较冷漠，喜欢自娱自乐。青春期社交较差，不愿建立亲密关系。如果结婚，倾向于保持距离，不愿深入他人的情感世界，会刻意让孩子独立。
孩子与父母分离时，显出矛盾的心态，对其他人也是混乱的态度，想寻求安抚，又拒绝或害怕他人。父母返回时，孩子同时出现寻求亲近与回避亲近的矛盾行为。亲子之间无法形成固定的依恋模式，严重时孩子还会有刻板行为、目光呆滞。	孩子入园时态度矛盾，既有摆脱父母的释然，又有害怕他人的不安全感，想跟人互动，又有暴力倾向。青春期社交能力差，成年后不相信异性，很难与人变得亲密。生儿育女后容易虐待、打骂孩子，易发生家庭暴力，事后会后悔，但是控制不住自己。

◎ 依恋类型能预测孩子后期的社会认知发展

总的来说，依恋类型具有一定的代际传递与循环特征，童年累积的安全感与亲密关系明显影响着一生的后续发展，从父母的童年开始到孩子的童年结束，中间环节就是婚姻关系与育儿方式。当然，凡事都有例外，任何重大的人生经验都可能在既有的原生家庭、亲子依恋基础上，改变孩子下一步的发展。

安全型儿童

安全型儿童更受老师喜爱，同伴关系更好，擅长社会交往，情绪健康，自信，积极性高，乐于承认自己的缺点，但不自卑。

矛盾型（缠人型）儿童

焦虑－缠人型儿童在成年后更有可能变成一个黏人或忽冷忽热的恋爱对象。他们生儿育女以后，也会倾向于重复自己的童年遭遇，需要进行一番艰辛的学习与反思，才能阻断代际传递，不让昨日再现。

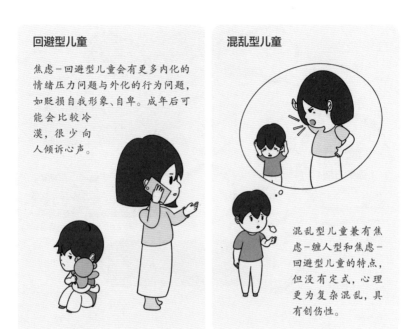

回避型儿童

焦虑-回避型儿童会有更多内化的情绪压力问题与外化的行为问题，如贬损自我形象、自卑。成年后可能会比较冷漠，很少向人倾诉心声。

混乱型儿童

混乱型儿童兼有焦虑-缠人型和焦虑-回避型儿童的特点，但没有定式，心理更为复杂混乱，具有创伤性。

◎ 如何建立安全型的依恋关系

在孩子出生后的一两年里，如果父母能给孩子提供一个稳定的养育环境，以及几个固定可以依恋的人，能够及时满足孩子的亲密需求，在绝大部分时间里响应孩子的呼唤，那么培养出来的孩子大多是安全型的。孩子更能适应幼儿园和学校的独立生活，取得良好的学业成绩，成年后更易建立安全舒适的亲密关系，适应职场复杂的人际关系，因为孩子知道，有一个安全港湾——家，永远在等着自己。

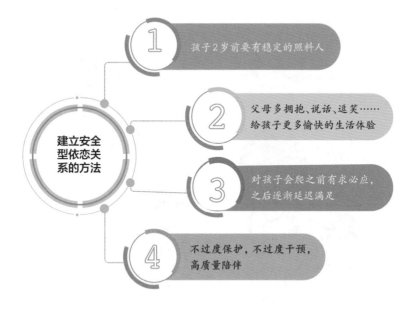

孩子2岁前要有稳定的照料人

父母多拥抱、说话、逗笑……
给孩子更多愉快的生活体验

对孩子会爬之前有求必应，
之后逐渐延迟满足

不过度保护，不过度干预，
高质量陪伴

建立安全型依恋关系的方法

● **孩子要有稳定的依恋对象。** 构建良好的依恋关系需要1~2年的时间，有几个固定的人照顾孩子是培养孩子安全感的重要途径。不可否认的事实是，在孩子会爬之前，女性照顾孩子较为合适，但妈妈不是唯一，只是首选而已，爸爸、外婆、外公、奶奶或爷爷也远比没有基因相似性的陌生人要好。关键是不要经常变换照料人，如果孩子的主要照料人突然离开，由陌生人匆忙接替，那就会出现交接裂缝，也会削弱刚刚建立起来的依恋关系。如果妈妈的工作真的很忙，不得不请保姆，那就要让陌生人提前到家里，与妈妈一起照顾孩子几天或几周，这样在妈妈离开的时候，孩子才不会产生过大的心理落差，而且要尽量做到从一而终，不要因为较小的日常问题而换掉孩子已经熟悉的阿姨。

● 给孩子更多愉快的生活体验。父母要善于识别孩子发出的需求信号，拥抱、说话、逗笑、陪玩……与孩子交流时，最好保持微微前倾的姿态和轻松愉悦的表情，这样才能让孩子有被爱的感受和愉快的生活经验。良好的亲子互动可以促进大脑中多巴胺的分泌，降低血液中压力激素的水平，促进孩子消除对外界的害怕或恐惧情绪，产生对父母和周围世界的信任感，并且将这种信任感推及他人。父母要鼓励孩子从小用手势、面部表情等来"发言"，这样孩子长大以后才能够更顺畅地与别人交流。

● 对孩子的需求先即刻满足，再延迟满足。有的父母担心事事顺着孩子，会养成孩子任性的坏习惯。这种担心在孩子会爬之前是不必要的，孩子只有在说话流利或较好之后才会有"需求繁多""欲壑难填"的可能性。科学的做法是在孩子会爬之前父母有求必应，至少要在心态上积极回应，但不一定立即满足孩子的要求，尤其是物质要求。一开始可以尽快满足孩子，随着年龄的增长，父母逐渐减少即刻满足，增加延迟满足，在孩子4岁后长期维持70%的满足度，果断拒绝10%~20%的不合理要求，其他的随机应变。这会对孩子的心理健康、智力发育及社交潜能产生积极的促进作用，有利于培养出具有安全感、满足感、边界感的孩子。

●陪伴孩子但不过度干预。孩子在1岁半或2岁半时会进入第一个"逆反期",因为他们在会爬、会走以后非常希望摆脱父母的控制,自己挥动手脚,到处探索世界,但又有很多陪玩的需求。父母要做的是为孩子提供安全的环境,但不要过度保护。陪孩子玩乐,重点在于满足孩子的兴趣和探索欲望,而不在于非常具体的活动内容,或所谓的正确指导。孩子大了,就需要父母的具体参与,孩子指挥父母做事,不仅能产生成就感,还能培养领导力。父母可以边问边说,注意倾听孩子的想法,给孩子留足时间自己设想,在不打扰孩子的前提下,积极地参与其中,陪孩子玩转千变万化的童年世界。

性格问题
要在学龄前解决

性格在一定程度上反映了一个人的气质，比如遇事反应激烈，即人们所说的脾气急、性子急。孩子有急脾气很常见，遇到不满意的事情，比如想吃糖、想去游乐场玩，但父母没有立刻满足，有些孩子就会无理取闹，甚至撒泼打滚。

性格问题的形成是长期的，通常要经过2~3年的累积。要想避免或解决这类问题，父母最好在孩子学龄前就加强干预，否则性格问题可能会转化为行为问题。

◎ "可怕的两岁"和"麻烦的三岁"

2岁 孩子会有几个月的急躁期,如莫名其妙的生气、坚决不从的挑衅……这是因为大脑发育还不完善,孩子语言表达不太清楚,无法控制自己的情绪,心理上还完全以自我为中心,不会顾及父母的想法。再加上父母习惯性地认为孩子应该服从管教,于是孩子就会更急,慢慢变得叛逆。"可怕的两岁"说的就是这种现象。

3岁 依然是部分孩子情绪大爆发的一年:凡事不满意就和父母对着干,自我意识很强。父母会发现,孩子前一段时间还乖巧听话,突然就变得十分叛逆,比如会对父母大声喊:"就不要!"如果父母不满足孩子的要求,孩子很有可能会撕心裂肺地大哭。养育过孩子的人都理解,这就是孩子此阶段的特点,而且会因为孩子还小而选择原谅。但早期父母越不管教,孩子长大后就越难管,所以父母要在少数关键问题上树立规则,不要轻易妥协。

4岁 孩子以自我为中心的思维方式逐渐消退,大部分孩子不再那么自我,而会注意到父母或他人的脸色,明白某些场合需要遵守特定的规则。另外,4岁孩子的语言能力、理解能力已经比较成熟了,如果还像2~3岁那样"可怕"和"麻烦",可能就是性格有问题了。

◎ 学龄前主要的性格问题：固执与轴、急躁与黏人

　　0~3岁孩子在自我意识的觉醒中，发展着自己独特的性格，并且通过意志、行为、情感表现出来。在这一过程中，孩子受到遗传因素、生活环境以及父母的影响，开始显现一些性格问题。

● 固执与轴。固执与轴是大多数孩子的共同特征，通常第一波出现在1岁半前后，第二波出现在2岁半前后，主要是因为这两个年龄段的孩子认知能力不足，遇事小脑袋还不会"转弯"。但还没结束，固执与轴在孩子3岁半左右会有第三波，不过势头会逐渐平缓，到4岁前后就好多了。

孩子特别固执与轴的年龄段

　　绝大部分孩子曾经非常在意日常生活中的常规、秩序等，甚至在游戏中都要固定节目，固定台词，固定时间、地点与事件等，而且会在细节、琐碎的事情上刻意追求重复性、规律性，严格严谨，一旦出现偏差，导致自己的预期和规划被打破了，就会发脾气。心理学家把这段时期叫作"秩序期"，它通常与孩子的安全感及自我意识有关。

　　为了避免固执与轴变成孩子真正的性格问题，父母要在孩子追求固定性的时候，尽量满足他们虽然无厘头但没有危害的要求。而且，如果加以正确的引导转化、开发利用，固执与轴的行为也可能变成良好的习惯，比如非要拉着老年人等绿灯亮了再走，这样的孩子以后做事也会很有毅力、有耐性。

　　秩序期固执与轴的行为也与孩子开始感受到自主权和控制感有关。少数父母育儿时也很固执、很轴，针尖对麦芒，得理不让人，"孩子轴我也轴"，结果导致一种心理强化，教会孩子继续轴下去。还有一些父母，听说过自闭症患者具有刻板行为，但又不知道4岁前的正常儿童大部分都有过刻板行为，于是刻意纠正，不满足孩子对秩序、规则的阶段性要求，结果弄巧成拙，破坏了孩子的安全感，导致孩子的逆反行为更严重。长期下来，孩子就会变为真正性格固执的人，或者养成一些坏习惯。

● 急躁与黏人。肯定有父母经常觉得自己很矛盾，一会儿和孩子亲亲抱抱，一会儿又对孩子严厉呵斥。尤其是情绪波动、行为转变较大的父母，忽冷忽热、忽严忽松，严重威胁到孩子的心理预期，引发他们种种困惑和不安。这时候孩子就会想不断试探与测试父母的行为规律，并可能会有以下的内心戏："妈妈突然不见了，怎么突然又回来了？""昨天对我很热情，今天对我很冷淡，到底是为什么？""哪些事情会惹爸爸妈妈生气？我想要再做一次看看是什么结果。"

对大部分日常琐事，父母应巧妙灵活地应对，同时坚持底线，该满足的即刻满足，而不在满足孩子和拒绝孩子之间摇摆不定、半推半就，否则会使孩子成为缠人型的依恋类型。比如孩子不想午睡，只要不影响健康，天气又晴好，放弃睡眠获得一段美好的亲子互动，对妈妈来说这个决定并不难。

　　性格问题多的孩子是既急躁又黏人的，根源通常是孩子没有安全感。日常生活和亲子互动的不确定性会导致父母眼中的一件小事也会刺激孩子的杏仁核脑区，让孩子经常出现战斗反应。安全感不足的孩子脾气急躁、冲动，遇到问题就会退化成一个小婴儿，用哭、闹、打的方式获得父母的关注和爱抚，结果却是把父母推得更远，让父母更烦躁。

要想避免此类现象变成真正的问题，父母可以采取底线控制法。尽快掌握孩子的需求变化、行为规律、脾气暴点，父母要么坚决拒绝，要么果断满足，或为孩子寻求替代品，转移他的注意力。

◎ 三分管制，七分自由

管教的规则不在于多，而在于精，在于坚决执行。父母抓大放小，三分管制，七分自由，就能基本避免孩子出现性格偏差和其他大部分问题。如果孩子已经形成了急躁又黏人的特点，那父母就需要重建孩子的安全感，修复亲密关系，这将花费很多心血。

在恶意打人、推人、咬人以及玩手机等核心问题上，父母就要坚决管教，不留余地。

● 梳理孩子性格问题的诱因。梳理一下孩子到底在哪些方面固执、轴，因为哪些事情爱发脾气。挑选出最严重的、最不可容忍的事情，以及稍微可以放开的事情，整理出一份不同等级问题行为表，先每天，再每周，渐渐到每月解决其中一两个小问题。当然，也可以针对最大的问题进行管教，其他问题暂时不管，等当前最大的问题解决了，再轮到下一个"最大的"问题。这是不同的两个思路，父母可以选择适合自己的方法。

● 想让孩子怎么做，父母要先做示范。父母先停止说教，再思考想要孩子怎么样，然后用自己理想中的方式对待孩子。如果孩子脾气急躁，那父母就要学会展示如何管理情绪，或者直接管住孩子的某些行为，而不要在语言上批评、说教。空泛的说教如果有效，孩子就不会出现屡教不改的情况。父母停止做无用功，才能发现新方法。即便是要从嘴里说出来，也要重新考虑孩子的理解能力，运用孩子能理解的角色、形象、故事情节等，就事论事。

● "重启"大脑，重建依恋。父母要懂得亲子关系在孩子的性格培养方面是非常关键的一点。如果孩子的性格问题已经基本定型，那就只有良好的亲子关系才能温暖孩子的内心，改变孩子的一些过激行为，为此父母需要付出巨大的耐心和热情。

> 没有隐藏的恐惧，孩子大多没有性格问题，也没有行为问题，更不会有心理问题。

巧妙疏导孩子的
"坏情绪"与"暴脾气"

　　孩子的暴脾气不是毫无由来的，深层来源是大脑里的恐惧情绪，但孩子可能意识不到，只是莫名地恐惧和害怕。孩子的情绪写在脸上，失落就是失落，生气就是生气，他们只要受到刺激与挫折，尤其是感到被威胁时，就会触发大脑的恐惧反应，进而出现发脾气等行为。

　　许多父母经常给我留言，说孩子脾气大、管不住，询问解决办法。我想说，如果父母懂得孩子的大脑很容易被恐惧激活，那就能够理解与应对他们的坏情绪，就不会经常怒火中烧，而能在大部分情况下，将暴露出的问题看作大脑整合的机会。

孩子有坏情绪很正常

不同的孩子可能会因为千奇百怪的事情陷入情绪的漩涡，这是由于他们的杏仁核可以被任何自动感知的外界因素激活，只是不同的孩子具有不同的反应强度、反应方式。

除了开心、兴奋、微笑，恐惧是大部分孩子在6~9个月时就有能力体验到的一种情绪，通常是自动收发的无意识反应，是一种本能反应，比如害怕东西掉在地板上的声音，怕窗外车子喇叭的声音，或害怕父母离开等。

1~2岁孩子的大脑在恐惧反应的高发期会被激活250次，即便是玩具脱手了、积木倒塌了，他们的杏仁核也会"响起警报"。因为恐惧情绪太过频繁几乎是所有孩子的"通病"，所以专家认为这种情绪是可以理解的，父母可以长舒一口气。

除了大是大非的少数事情，父母应该让孩子适当表达自己，释放情绪。父母只需减弱孩子太过强烈的情绪反应，然后再给孩子示范更好的情绪表达方式。

◎ 暴脾气的根源是大脑恐惧

孩子遇到害怕的事情时，主管安全感的杏仁核通常会有三种最基本的反应模式。父母首先要了解孩子大脑的基本反应模式，然后再谈改变、改善孩子释放压力的具体方式。

- 战斗性的压力释放行为。比如有的孩子玩具被人抢了，他会毫不犹豫地抢回来，或者推人一把，这属于进攻型孩子的典型做法。父母如果加以阻止，孩子还可能出现拍打父母的情况。但如果频率不高、强度适中，就不算严重的问题。在不到3岁的男孩中，这种情况比较普遍。父母可以避免扎堆带娃，因为拥挤和空间压迫感强的地方都会诱发孩子的战斗反应。

如果父母理解了孩子的大脑反应，就不会先感到愤怒，而是可以更理智、更果断地控制孩子的手脚。紧紧的束缚可以让孩子逐渐冷静下来，避免伤害别人和自己。父母要坚定、果断、规则一致，孩子每次出现恶劣行为都要铁面"执法"，经过五六次的强力束缚，父母一般可以管住暴脾气孩子的手脚；但如果今天处理、明天不处理，或者爸爸处理、妈妈不处理，孩子就会识破规则的漏洞。

不过，大多数情况下，孩子的战斗性行为不是十分恶劣，父母不需要以暴制暴。这是因为，父母在气头上打了孩子，实际上就是亲自教会孩子如何攻击他人或自己。这是一种错误的示范，会强化孩子的负面行为，也可能会导致孩子未来的自残行为。

- 回避性的收敛与压抑行为。试想一下，两个孩子正在争抢着玩滑梯，父母提醒一方让着点，有的孩子可能就会停下来、走开，或者抹眼泪、委屈巴巴的，情绪没有爆发。很多父母希望孩子能够收敛情绪、回避冲突，但实际上这种做法有可能加重孩子的心理压力，造成压力向内积压的内化问题，从而增加孩子焦虑或抑郁的风险。

我其实不主张频繁地、长期地压抑孩子的情绪，尤其是行为问题刚出现时。如果孩子没有伤人意图，就可以适当地放宽要求。但事不过三，父母应该在给足了情绪释放空间之后，果断收紧，向孩子展示新的情绪表达方式和途径。女性抑郁、焦虑的概率通常比男性高，父母要更注意女孩子的压力内化问题，不要过度压抑孩子的自然情绪。

- 呆立、愣住、无助大哭的僵化行为。这种是既不能战斗，也不能回避，而是被外界刺激或自己的情绪淹没，整个人卡在战斗与回避的两难处境之中的情况。这样的行为在孩子感到极其恐惧时比较常见。在突然发生的严重刺激事件面前，孩子更容易出现措手不及、不知进退的现象。比如父母起激烈争执的时候，孩子可能想向爸爸挥拳头，但又感到很害怕；想回避，又害怕离开妈妈。这时候他很可能被吓呆了，或者声嘶力竭地在原地大哭。

从脑科学的角度来看，既不能战，又不能逃，是最尴尬与危险的境地，会让孩子的大脑出现僵化反应。长此以往，孩子会形成混乱型依恋，或者表现出严重的撒泼打滚行为，这个问题会在下一节详细展开讲。

ⓒ 情绪疏导好，坏情绪和暴脾气就不见了

对于1~2岁的孩子来说，以上三种反应都是正常的，因为他们理解不了自己的处境，理解不了自己为什么受挫，只能三选一，做出一种反应。父母要做的是避免让"普通孩子都会有的情绪问题"在不良管教的强化下变成"更为严重的持久行为问题"。接下来，我给父母提几点建议。

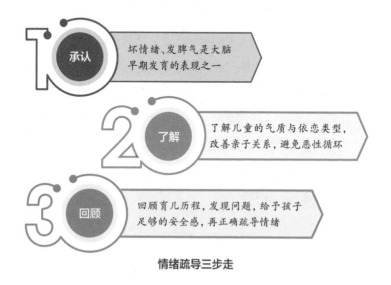

承认 坏情绪、发脾气是大脑早期发育的表现之一

了解 了解儿童的气质与依恋类型，改善亲子关系，避免恶性循环

回顾 回顾育儿历程，发现问题，给予孩子足够的安全感，再正确疏导情绪

情绪疏导三步走

●承认坏情绪不是大人才有的，孩子也有。在大脑发育的早期阶段产生恐惧、愤怒，出现难过、失落情绪，并不算什么心理问题。同样，孩子发脾气也不能被简单地认为是品行恶劣，因为在大脑并不能控制自己的时候，情绪总是要释放的。常见的情绪反应只要不过分夸张，在频率、强度、持续时间方面不是特别过分，那就不需担心。等到过了大脑发育的早期阶段，孩子的情绪问题就会逐渐好转。对不严重的问题，过分关注也可能产生负面强化，更加凸显孩子的问题。

●了解儿童的气质与依恋类型，很多问题通常是相互联系的。比如一个天生容易激惹、脾气暴躁、非常难带的孩子很可能会引起父母的反感和粗暴回应，这又会促使孩子出现安全感受损的问题。当孩子出现坏脾气、暴脾气问题时，父母应先搞清楚孩子是难养型还是易养型，是安全型依恋还是不安全型依恋。为了避免问题逐渐加剧，父母应该从改善亲子依恋关系入手，避免恶性循环。除非孩子的坏情绪在亲子互动、同伴交往中经常爆发，坏情绪变成了坏脾气，甚至暴脾气，父母才需要挑选少量几个恶劣行为进行专门的规则演练与管制，从而树立父母的权威。

●回顾育儿历程，发现问题，以正面关注、正面肯定为主。父母先给予孩子足够的安全感，满足孩子爱的需要，在安抚情绪的同时转移孩子的注意力，稳定一段时间之后再告诉孩子可以用语言表达自己的情绪。在常见的情绪问题出现时，父母应该细心观察、多次揣测，尽量说出孩子的内心感受，说到孩子心坎儿上，就可以缓解孩子情绪爆发的压力。这个过程中，父母可以展现自己的情绪控制能力，不是对孩子大吼大叫，而是心平气和地示范、引领，更好地教孩子控制情绪。

> 父母的责任是展现自己作为成人所具有的良好情绪表达与控制能力，帮助孩子走出情绪困境，防止孩子陷入、卡在负面情绪中，久而久之形成心理问题。

韩博士育儿心得

有句话说：父母的因，孩子的果。大部分情绪问题的根源在孩子与父母的互动出现了障碍，更在整个家庭。"坏情绪""暴脾气"频发表明孩子的发展路径出现了偏差。父母需要反思家庭相处模式或者自身情绪控制上的不足，然后做出改变。

每个人都有缺点、不足，父母也不例外。孩子处理情绪出现的行为问题在一定程度上反映了父母的教养方式，孩子只是参考了父母的情绪控制方式，比如父母对孩子吼叫、发火，那孩子也有可能在某个时刻"以其人之道还治其人之身"。父母要牢记，育人先育己，"其身正，不令而行；其身不正，虽令不从"。

温柔对待孩子撒泼打滚，
缓解大脑恐惧

有的父母会好奇，发脾气和撒泼打滚有什么区别。上一节主要说的是孩子常见的、正常范围内的坏情绪、暴脾气，这一节要讲的是严重的情绪问题，以及由其衍生出的激烈行为，比如孩子躺在地上不停打滚、歇斯底里地哭到停不下来……

上述极端行为表明此时孩子的心智在"发烧"，急需降温。其实，撒泼打滚是"可怕的两岁"孩子大脑发育时的副产品，它的出现仿佛是给父母一次机会，在孩子产生严重问题的初期就进行调整，而不至于孩子长大了才"爆雷"，出现更不好控制的问题。

◎ 孩子撒泼打滚的根源是没有安全感

孩子撒泼打滚主要发生在1~2岁，个别孩子到了3岁还有此类现象，诱因通常是父母拒绝孩子的某些要求，但态度又不够坚决、语言不太明确，给了孩子闹一闹就有希望被满足的感觉。从心理学角度来看，撒泼打滚是一种退行性行为，是孩子最幼稚的一种心理防御机制，即在受到挫折或面临焦虑时，放弃已经学到的语言表达方式，转而退化为哭哭闹闹的婴儿，采取一种令人难堪的情绪表达方式，胁迫大人满足自己的欲望。

例如，有的孩子逛商场的时候想买一个玩具，父母说"手机没电了，下次再买好不好"，就可能会引起争执或哭闹。因为"好不好"是两个选项，孩子容易忽略这句话的其他信息，而根据自己的需求而强调"不好"，但父母的意思其实是"好"。父母一般意识不到这种语句的

在孩子无理取闹时，家长应该透过现象看本质，不能给孩子模棱两可的回复。明确的否定反而让孩子有规则意识，更容易建立内在的安全感。

含糊性。如果孩子哭了，父母会说"你再哭我就走了"，然后走开一段距离，引起孩子的恐惧、被抛弃感，会导致孩子哭闹得更凶。父母最后往往因为孩子哭闹、家人意见不合，或者怕被人看笑话而不得不返身回来哄孩子、满足孩子。

看电视、玩手机、吃糖，以及其他一些具有"上瘾"潜力的事情都可能引发孩子撒泼打滚的行为。其根源可能是孩子一直没有安全感、掌控感，加之欲望得不到满足而感到强烈的恐惧、失落或挫败，激活了大脑的恐惧反应。当然，不同的孩子反应强度不同，极少数孩子会摔玩具、拍打父母，或者打自己，甚至以头撞墙，这类孩子通常具有难养型的先天气质和缠人型的亲子依恋关系。

从脑科学角度来看，在孩子大脑快速发育期，父母希望看到的是孩子各项技能突然增强，但育儿问题恰恰出现在这个时候。因为快速发育等于"剧烈变化"，孩子大脑性能不稳，时刻经历着神经元突触修剪的混乱与繁杂，稍不留神就会"冒火花""神经短路"，烧坏成千上万个神经连接。

此时，孩子感到什么事情都是不可控的，尤其是父母的行为。孩子很难确定结果到底会怎样，所以只能奋力一搏。

ⓒ 破解的第一原则是"预防为主"

孩子激烈哭闹，说明他们的大脑已经启动了恐惧反应，要么战斗，要么回避，要么僵在原地，通常倾向于卡在战斗模式中，久久不能平息。此时父母最好的选择就是息事宁人，记住孩子的反应模式、反应强度，在之后即将出现类似情况的时候，提前做出决定性的判断：要么尽早满足，要么拒绝到底。为了避免将来出现更多的失误，以下给父母提出几个注意的关键点。

●提前预判，果断行事。回到孩子在商场想买玩具的那个例子。如果父母早就决定不在商场买玩具，就别找任何理由，比如太贵了、手机没电了，这些都不要说，果断来一句话"今天不行"，后面就不用再围绕价格、充电问题去扯皮了。父母一旦把拒绝说出口，就不要改变主意，不要因为孩子的大哭大闹而中途妥协，因为妥协会让孩子以为哭闹是有用的。当然，父母也要支持彼此的决定，一个人已经表明拒绝，另一个人就不要变相答应。

● 打破自我暗示的"魔咒"——满足孩子会导致欲壑难填。心理学的实验结果表明欲望上瘾的根源是心理压力。父母在孩子撒泼打滚之前就给予大量满足，孩子则会经常处在比较开心的状态，不会执着于某个具体事物，而且压根就不会知道撒泼打滚之后竟然可以逼迫父母"投降"。太过泛滥的爱与满足当然有一定的危害，但恒河猴实验、"陌生情境"实验证明了童年缺爱会导致更大的问题。父母要做的就是给孩子建立好规则，做到爱而不溺。

● 要考虑让孩子大哭一场、撒泼打滚到底值不值。如果知道孩子会因为一件小事而哭得失去理智，那就提前满足他，不要轻易拒绝。比如孩子不合时宜地想出去玩滑梯，即便是大太阳天或大晚上的，只要利大于弊，那就可以立刻带他去，家长干脆利索，也会让孩子学到果断的作风。孩子很有可能去了之后发现真的没人玩，然后自己要求回家。当然，像看电视、玩电子游戏这些事，只要上瘾就危害极大，父母一定要严控时间与频率。如果孩子破坏规则就要果断拒绝，让孩子哭几次、哭个够是值得的。

对于孩子的需求，我的建议是：1岁前满足99%~95%，2岁前满足90%~85%，3岁前满足80%~75%，4岁后满足70%~65%，逐渐收紧，最终稳定在30%的拒绝与70%的满足，让孩子在大部分的日常生活中感到快乐。因为只有适量的满足才能让大脑释放"快乐激素"，避免压力激素的过度分泌损伤神经，造成孩子出现行为与情绪问题；满足率低于50%，越低越容易导致孩子出现心理饥饿或扭曲。

父母在孩子不同年龄段满足需求的比例

在大部分事情上，父母应当主动、提前满足孩子的需求，不要等到孩子已经哭了再去满足他，这样才能让孩子产生信任，淡化需求，而不会特别想要某个东西。

我想再次提醒父母，在大是大非的少数原则性问题上，必须说一不二、言出必行，语气、态度都要表现得没有回旋余地，不能半推半就，临时改变主意。但父母可以在日常事情上或"屡教不改"的普通问题上放过孩子，该满足就不说太多，果断答应。因为屡屡发生的事情，更有可能是一种必然现象。

◎ 用温柔驱赶孩子大脑里的恐惧

如果还没来得及预防，孩子就已经出现了撒泼打滚这种负面情绪和行为，父母可以尝试以下"三步走"的方法，用理智和温柔化解问题。干预的核心法则是重建依恋，重建安全感，避免孩子的恐惧反应变成习惯性动作，做到"四不"——不动手、不责骂、不离开、不威胁。

● 先带孩子离开现场。不管孩子是在什么场合，因为什么事情而乱发脾气、撒泼打滚，这个时候父母要做的是赶紧带孩子离开"是非地"。脱离先前的环境后，孩子的注意力很容易被转移，情绪也可能很快得到平复。

把孩子带离发生哭闹的现场，比如商场、玩具店，让其远离刺激，能让孩子尽快冷静下来。

●让孩子适当发泄情绪。有时,带孩子离开现场时会引起孩子的激烈反抗,此时父母不要做出过激反应,也不要试图阻止,先让孩子把脾气发完。因为孩子可以通过宣泄负面情绪降低血液中的压力激素,大脑的恐惧反应就能得到缓解。但父母在这期间一定要保证孩子的人身安全,以防孩子动作过大造成磕碰。

●等孩子平复,给他一个拥抱。在做前两步的时候,父母一定不要走开,要让孩子感受到有人在场,没有人抛弃他,这样就不会加剧他的恐惧。耐心等待一会儿,孩子的声音、脸色、呼吸、肢体动作就会逐渐正常。等孩子恢复理智后,再进行安抚,但不要长篇大论说一些理由,而应简单地强调一下以后有需求就好好说;或者干脆假装什么都没发生,给孩子一个大大的拥抱,然后转移话题,不去触碰孩子的敏感神经。

让孩子在自认为安全的环境中发泄完情绪后,父母可以给孩子一个温暖的拥抱,让孩子感到安全与被爱,这样他的恐惧反应会慢慢变弱。

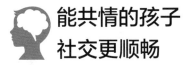

能共情的孩子
社交更顺畅

跟孩子解释这样做很危险，希望他注意安全，但他还是会去做；让孩子多照顾弟弟妹妹，他却欺负他们；父母有压力、感到难过的时候，孩子照旧在一旁玩耍，而不会来安慰父母……

以上这些情况，其根源可能是孩子安全感、理解能力不足，或陷入了自我中心主义的思维方式，无法与他人共情。共情对孩子来说很重要，它不仅能让孩子了解自己，提升自我意识，还能让孩子理解他人的感受、意愿、动机，与他人的相处更和谐。

ⓒ 太自我的人共情能力不足

每个人在3~4岁之前都有不同程度的自我中心主义思维，以为别人也应该有和自己一样的感受，理解不了另外一个人的内心想法。

父母也有以自我为中心的时候，比如对孩子说："只是一个玩具而已，丢了再买就行，有什么好哭的？"简短的一句话体现了父母并没有从孩子的角度去看问题，没有意识到在孩子的世界中丢了一个玩具跟丢了"自我"一样程度严重。再比如，网上流行的段子"有一种冷叫'妈妈觉得你冷'，有一种饿叫'妈妈觉得你饿'"，这些都体现了父母的自我中心主义思维，父母以自己的想法代替了孩子的感受。

孩子最常见的哭闹原因就是心爱的玩具不见了。父母应该站在孩子的角度思考问题，理解孩子"玩具等于自我的一部分"的思维方式，而不是粗暴地回应"别哭了"。

总体来说，太以自我为中心的人缺乏共情能力，没有同理心，不会站在他人的角度反思自己的问题，理解不了他人的想法、意图，不能配合他人实现共同的目标。这是夫妻矛盾、婆媳矛盾的根源之一，也是亲子矛盾的核心问题，更是父母在育儿路上要避免的一个"坑"。

共情能力如此重要，以至于每个人在小时候都需要花费好几年的时间才能初步打破自我中心主义的思维方式，然后逐渐学会站在父母、老师、同伴的视角行为处事。但比较遗憾的是，很多成年人即使到了生儿育女的年龄，仍然缺乏共情能力，这不能不说是家庭养育的失败。

ⓒ 父母共情是孩子共情的引子

亲子社交是其他社交的基础。父母的行为处事方式会影响孩子将来怎么和别人相处。为了避免孩子自私、冷漠，父母首先要提升自己的共情能力，从而带动孩子的共情能力。

父母如果能经常想象一下孩子狭窄的认知能力、脆弱的心理承受能力，也许就会减轻一些愤怒，少发一些脾气，同情孩子的无力和无助。小孩子体力、智力还很弱，缺乏韧性和安全感，完全不是大人以为的无忧无虑，而是时时处处被怪兽、黑影、噩梦、意外事件、父母管制与同伴竞争所笼罩，随时都会陷入自我崩塌的境地。

如果父母能够理解、接受、包容孩子的脆弱自我，为孩子的理想自我开辟一个安全的空间，不去打击孩子的自我，就可以迅速改善亲子关系，建立良好的亲子依恋，帮助孩子重建自信、重拾自我，为孩子奠定共情、善解人意的基础。

还记得第一章提到的九大智能吗？其中很重要的一项就是内省智能。古人说"知人者智，自知者明"，明智者不但要理解他人，更要有自知之明，承认与理解自己的局限性，接受自己的优势、劣势。与他人合得来，构建共同的成功。因此，孩子的共情能力需要父母的理解和耐心养育作为引子。

ⓒ 四招提高孩子的人际交往能力

共情能力能够影响孩子的性格走向。如果孩子性格比较孤僻，共情能力就会比较弱。相对而言，那些开朗大度、有感染力的孩子，情感收放更加自如，共情能力也比较强。要想培养出高情商的孩子，父母首先应该培养孩子的共情能力。

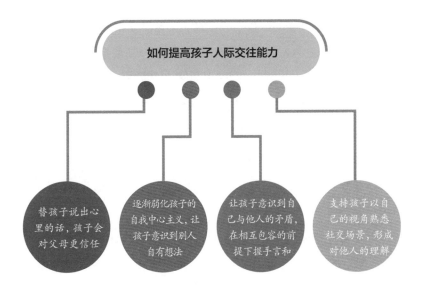

●替孩子说出心里的小情绪。父母要时刻注意孩子的动向，猜测孩子的想法，然后再说出孩子的感受，例如，"你是不是有点怕黑？""你想妈妈了吗？""爸爸刚刚批评了你，是不是生爸爸的气了？"还有其他关于沮丧、愤怒、焦虑、无奈的感受，都可以替孩子说出来。这涉及心理学家所说的"联合关注"，是在为孩子的心理想法"命名"，就像指着飞机、树叶、青蛙教孩子学词语一样，能帮助孩子储备一些词语来表达自己的心理活动。这也可以让孩子明白父母知道或理解他的想法，孩子会觉得父母很懂他，从而信任父母，在他感到痛苦的时候就会来寻求安慰，而不是在父母安慰他的时候把父母推开。

● 逐渐弱化孩子的自我中心主义。父母要逐渐弱化孩子的自我中心主义，但不要刻意压制孩子的自我意识或意志。孩子与同伴相处，难免会以自我为中心，不考虑他人的感受，会因为想法不合、目标不同而干扰或破坏对方的玩乐。例如，孩子在别人堆的城堡上画蛇添足，貌似是在搞破坏，实际上可能只是因为他喜欢某个造型，却不一定是别人乐意接受的结果。这就会导致孩子之间思想与行为上的冲突。也正是在这种碰撞之中，每个孩子逐渐意识到世界并非以自己为中心，别人自有想法。父母应该保持友善，给孩子一个机会认识到同类其实是不同的，最终达到和而不同的境界。不过我要提醒一下，恶意伤人的事件应该提前避免，或严令阻止。

● 让孩子意识到自己与他人的矛盾。父母可以告诉孩子，和别人相处时要体察他人的情绪、想法、意图，把双方的行为与心理感受描述出来，让孩子意识到自己与他人的矛盾，在相互包容的前提下，真诚道歉，握手言和。

● 带孩子熟悉社交场景。父母可以教给孩子一些基本的人情世故或礼仪，但不需要过多、过早地灌输成人的想法或理念，要支持孩子按照自己的视角来熟悉人、事、物，熟悉社交场景，让孩子自己形成对他人的理解力。

专家发现，2~3岁孩子心理都不够强大，不敢面对自己的错误，会把道歉、认错理解为"自我坍塌"，面对父母让自己道歉、认错，很容易争辩或直接大哭。孩子大哭时，本该接受道歉的小朋友会"镜映"对方的心理，从而受到同样的影响或伤害。因此，我建议父母不必计较孩子口头上的道歉，只要孩子低下头、脸红、想躲藏、搓手，或者表现出其他的认错迹象，就可以点到为止。还有一个方法，就是让孩子向对方的玩具道歉，向受损的物品道歉，这可以避免损害孩子原本就不强大的自我，同时有利于双方和好与共情。

4~5岁或更大的孩子则有能力承认自己的错误，能勇敢、主动地道歉。但是，如果在这之前孩子被父母压迫着道歉过很多次，那他就很难养成真心致歉的习惯，于是虚于应付，或随口说声"对不起"，显得廉价且无诚意。

父母要多与孩子谈心，成为孩子可以畅所欲言的好朋友。这不仅能塑造良好的亲子关系，还能让父母更加了解孩子的想法，帮助孩子更好地融入社交场景。

富有同理心的父母一般不会追究其他孩子的无心之错，希望孩子们不要因为小小的不愉快破坏当下的友谊。为人父母，将心比心，得饶人处且饶人，就能给自己的孩子也留下"犯错"的余地。如何恰当地处理"犯错事件"恰好体现了一个人的共情能力。

年龄比较小的孩子很少记仇，很快就忘了同龄人之间的冲突，也不会揣测他人的恶意，因此才会出现"不打不相识""小打小闹友谊更深"的现象。而大孩子就有很多"小邪念"和"坏主意"了，他们的原生家庭、亲子关系、父母素养是问题的根源，出现恶劣行为要由双方父母来处理。父母解决大人之间的矛盾，尤其是在孩子面前展现自己愿意和解、接受妥协的态度，可以让孩子在潜移默化中具备同理心。

> 育儿不是一朝一夕的"速成"，而是日积月累的熏陶与影响。但愿父母和孩子多一些共情，少一些矛盾，让孩子生活在充满同理心的环境中，真心体验到灵活社交的好处。

父母的关注和肯定
让孩子更自信

自信是孩子成长过程中非常重要的动能和养料，会"滋养"孩子长成枝繁叶茂的"参天大树"。不论怎么看，孩子具有良好的自我感觉都不是一件坏事。他们会经常找父母求表扬、求关注，觉得自己的一举一动是最厉害的，尤其是到了2~3岁，争强好胜的心理可能会达到一个顶峰。除了对别人造成伤害的极端情况，孩子自信、争强好胜体现了非常自然和正常的自我意识和竞争意识，应该得到父母的维护和尊重。

ⓒ 自信源于力量感，与外向关系较弱

年幼的孩子还不懂得炫耀读书多、成绩好这些事情，觉得自己能够爬上爬下、跳高跳远、玩轮滑就很厉害。于是经常喊爸爸妈妈看自己来"显摆"，也喜欢在叔叔、阿姨或同龄人面前展示自己的速度与力量，这就是自信的表现。

自信的孩子经常说"让我来""我能行"，或者直接上手去做某件事，不会频繁求助，甚至会拒绝父母主动帮忙。自信的孩子爱表现勇敢的一面，但通常并不会因为别人的怂恿、激将而冒险证明自己的强大。自卑的孩子则与此相反，比较喜欢依赖他人的帮忙，但有时候也会因为同龄人说自己不行而突然模仿强者的高难度动作。

自信的孩子爱表现自己的力量和勇敢，敢于尝试，却并不鲁莽。比如玩轮滑时，孩子会努力争前，却并不会冒险做自己还不熟悉的动作。

总之，孩子的自信源于实实在在的力量感，源于他经常可以做到很多事情的成就感。自卑则可能源于先天身体问题，或者是亲子活动较少、父母的打击与恶评过多。要让孩子感到浑身充满力量，根本在于让孩子多运动，运动能健脑，更能增强自信。

父母还要注意一点，那就是外向不等于自信，内向不等于自卑。尤其是在孩子较小的时候，父母不能形成思维定式，不要急于认定孩子是内向或自卑，因为这时孩子可能只是比较敏感，对陌生人有所戒备，不愿意轻易展示自己，有些含蓄或害羞。

虽然孩子有些行为乍一看不怎么优秀，但父母要以发展的眼光去看待孩子的进步。要记得，孩子自信的根本来源是父母对孩子力量、优点、成就的肯定与欣赏。自卑则源于父母的否定、贬低、嫌弃、恶意比较等负面评价。

◎ 自主权和安全感可以打败平庸

自信是一种良好的自我感觉，是对自我能力的信任，是自尊心的基础。孩子的自信建立在归属感、能力和贡献得到认可等因素的基础上。父母可以从以下几个方法入手，引导普通甚至自卑的孩子变得阳光开朗、自信有活力。

提升孩子自信的方法

● 给孩子多一点自主权。有些孩子由于先天问题，身体力量不足，但如果父母能给他们足够的支持和自主权，他们也可以变得强大而自信，成为出谋划策的"智多星"式人物。相反，很多身强力壮的孩子被束缚、管制得太多，开始时还爱发脾气，想争取一些自主权，最后可能引发习得性无能乃至自卑等问题。生活和学习的规则应该少而精，给足孩子自主探索、自由活动、自我决断的机会。例如，父母在各种琐事上设置2个或3个选项，让孩子自己选择，不管他选哪个，实际上还是在父母的允许范围内。但自主选择的过程可以提高孩子的自信心、决断力。

● 做孩子坚强的后盾。"你再这样我就不喜欢你了""你不听话我就不要你了"……这些话从父母嘴里说出来时可能很随意，但孩子很容易听进去，变得害怕被抛弃，变得喜欢哭闹、示弱。如果父母再因为这些幼稚行为而嫌弃、冷落孩子，就可能形成恶性循环。还有些父母刻意迫使孩子独自完成任务，虽然本意是培养孩子的独立性，但如果安全感受损，那就会造成相反的效果，导致孩子出现自卑等问题。孩子通常不会提出极不合理的要求，核心需求大多是亲密接触、温暖关爱、陪玩陪睡、买吃买玩等日常需求。如果无法满足所有需求，那父母至少应该多与孩子进行身体接触，培养良好的亲子关系，为孩子构建一个"安全港湾"，无论何时，都要做好孩子坚强的后盾。

● 让孩子的"全能感"、价值感为自信心"撑腰"。大部分父母都把孩子看作宝贝，正是这种态度让孩子觉得自己是全天下最厉害、最有价值的人。这种无所不能的感觉在心理学上叫作"全能感"，是正常现象，是每个人的自信之源。但是，有些父母太刚直了，觉得这样是溺爱，会让孩子太自负、太强势，因此过早地打破了孩子的想象与美梦，在孩子的自我还不够强大时，就让他们频繁受挫，导致孩子价值感崩塌，进而出现自卑问题。想要维护孩子的价值感，父母应该在孩子3~4岁之前，让他们在大部分事情上具有"我行、我能"的胜任感，让他们体验到只要经过自己的努力就能获得赞扬与关注。

还有的父母非常忙碌，爱看手机，或者焦虑、抑郁情绪非常严重，貌似陪在孩子身边，但没有心情去跟孩子热切互动。孩子兴高采烈地喊父母看他表演，父母可能只是打眼一瞥，敷衍了事，久而久之孩子可能会觉得自己没有价值、没有本事，配不上父母的关注。

父母可以每天抽出半小时作为固定的亲子时间。与孩子一起阅读，一起运动，给孩子讲故事，互相分享今天发生的有趣事情，让孩子有幸福感、规律感。

"

父母应该严格划分工作与育儿时间，玩的时候好好陪玩，忙的时候果断去工作，严禁孩子闯入工作区域。但请记得，一定要抽出足够的时间给孩子"沉浸式"的高质量互动。

"

◎ 积极关注和正面肯定，让孩子信心倍增

说到关注，父母不仅要关注孩子的生理需求，比如有没有吃饱、穿暖，有没有健康问题，还要关注他的玩乐活动、语言表达、心理变化。只要孩子想与父母互动，就要积极回应他，尤其是在他炫耀某些成就的时候，一定要好好地注视着他，让他感到被欣赏，进而充满成就感，而不是失落感。

说到肯定，父母不仅要肯定孩子取得的结果和成就，还要肯定他的努力过程、努力意愿，鼓励孩子跳出既有的安全舒适圈，接纳他的适度退缩，帮助他稳定情绪，树立信心。在此基础上，父母可以帮助孩子拓展他的探索圈、社交圈，让他变得更自信。

总之，父母要非常积极地关注孩子，非常正面地肯定孩子，这样孩子将来会更加积极地顺应父母的要求和劝导。父母只有为孩子建立了深切的安全感、信任感、胜任感、价值感，才可以培养出自信而独立的孩子，促使他们勇敢地走向未来，提高学业成功的概率。

第4章

提高大脑自控力与调节力，规范好行为

乱扔东西，推人打人，需求得不到满足就撒泼打滚或撒谎骗人……孩子的这些问题行为源于不成熟的大脑错误"放电"，或者认知能力不足，需要等到大脑发展出自控与调节能力，孩子才能逐渐"变好"。

想要正确管教，父母需要先了解孩子的神经回路和适龄行为，然后耐心引导，以身示范，用行动而非太多说教来展示成熟的大脑如何解决问题，最终在潜移默化中培养孩子积极自主的好行为，教孩子养成良好的行为习惯，树立规则意识。

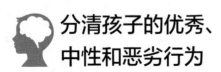

分清孩子的优秀、
中性和恶劣行为

孩子的行为是多变的，就像他们的情绪起伏不定一样。他们的大脑功能尚不稳定，有关自我、他人和社会的认知还不完善，大脑整合得也不够好，因此父母不能完全按照成人的理想和规范来要求孩子。在管教与培养孩子的时候，父母首先要善于区分孩子的某个行为是优秀行为、中性行为，还是恶劣行为。之后再根据行为的分类、持续的时间来做出判断，按照预先规划好的方向引导孩子的行为。在引导孩子的行为前，父母要考虑孩子做出的某些行为是否符合他的年龄，因为同样的行为对 1 岁的孩子来说可能是可爱或"无知者无过"，但对 3 岁的孩子来说可能就叫幼稚或不礼貌了。

ⓒ 优秀行为是孩子的亲社会行为

对于何为优秀行为，不同的父母可能有不同的答案，尤其是孩子较小的时候，任何行为都可能惹人怜爱、让人欣喜。因此，这里所说的优秀行为主要是指孩子的亲社会行为，以及其他被现代文明所认可和赞扬的行为。

孩子如果展现出帮助他人的意愿，父母不要说"你做不好""让妈妈来"之类的打击积极性的话语，而是鼓励孩子去尝试，父母从旁协助。

1岁半至2岁时出现，但在2岁半以后，孩子又会变得"自私"，这个阶段父母不要强迫孩子进行分享。在3岁半以后，孩子会有意识地增加分享行为。

孩子3岁以前大概率不会出现合作行为，所以会出现跟同伴争抢玩具之类的举动，3岁以后，这项能力才会慢慢发展出来。

部分孩子2岁时就能通过动作或者语言来安慰他人，父母经常安慰孩子和他的玩具，孩子就能很好地习得这项优秀行为。

● 帮忙行为。帮忙不一定带来好的结果，但如果孩子展现了他的助人意愿，父母应尽量鼓励。例如，孩子有时候会喜欢帮父母做家务，但通常会帮倒忙或造成意外。然而，孩子爱说"让我来"，这是一种优秀的品质，事关孩子的内驱力、自信心，父母应该加以理解和支持。在安全的前提下，父母要多让孩子用手、用脑、用心去做，多让孩子看到正确的、分步骤的做事流程，逐渐强化帮忙行为，不打击他们的积极性。

●合作行为。孩子的合作行为主要是听从建议、合作玩乐，通常在3岁前后出现。在此之前，大多数孩子聚到一起就会发生争抢、推搡，或者各玩各的。尤其是2岁以前，别人一旦靠近就有可能引发大脑的战斗或逃跑反应，孩子就会推人或躲到父母后面。幼小的孩子是无所谓善恶好坏的，父母应该尽量避免让孩子经常陷于负面情境。孩子3岁之前，合作行为可遇不可求，4~5岁时自然就有了。父母应该学会与孩子合作，配合孩子完成目标，让孩子感觉到合作的效果和被尊重感。

●分享行为。孩子把自己的物品放在他人面前，让人看看或摸摸，就算是分享了。这种行为通常在1岁半至2岁时出现，但在2岁半前后又会明显减少，孩子好像变得"自私"，不愿意分享。但这才是真正的常态，是物权意识增强导致的。直到又成长了1~2岁，为了获得他人的关注与合作，孩子才会有意识地增加分享行为。关于分享，不强迫才是最好的培养，因为被迫分享的孩子可能会变得自私或虚伪。如果想引导孩子学会分享，父母可以先让孩子把自己的玩具分享给小兔子或其他玩偶，然后逐渐过渡到分享给妈妈、爸爸和其他熟人，最后再试试分享给老师或同伴。

●安慰行为。部分孩子在2岁时就能够进行简单的安慰行为，如拥抱、抚摸受伤的玩具和同伴。3~4岁的孩子则可以更好地理解他人的感受，大部分已经学会安抚同伴，比如看见别人摔倒了，会俯身扶起来，或有其他表示同情的语言或动作。当然，父母要想让孩子做出这项优秀行为，可以经常安慰孩子和他的玩具，让他感受到爱与关怀。

ⓒ 中性行为多为本能和无意识行为

孩子年纪越小，其行为越无所谓是非、对错、好坏。只有当某种行为不再匹配孩子的年纪时，成人才能评判优劣。例如，刚会爬的孩子把鱼缸扒拉到地上摔碎了，这算是中性行为，因为此时的孩子认知不够，甚至连火盆都想摸，全靠父母保护。父母虽然会生气，但不会认为孩子品性恶劣，反而会反思自己为什么没有看好孩子或放好鱼缸。然而，如果3岁多的孩子动不动把碗、杯子弄碎，那就可能是在对抗父母，乃至故意为之的恶劣行为了。中性行为有很多，主要是本能行为、自动化行为、无意识行为。

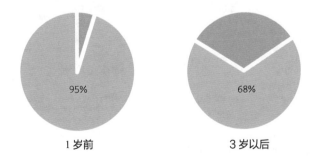

95%	68%
1岁前	3岁以后

各年龄段儿童中性行为占比

　　所谓的好孩子，就是有70%~80%的中性行为，再配上一些显眼的优秀行为，而不是所有行为都很优秀；所谓"熊孩子"，其实就是他的中性行为占比低于50%，又没有突出的优秀行为，恶劣行为比较显眼。而很多时候，父母会把孩子的中性行为误解为恶劣行为，比如以下四种中性行为。

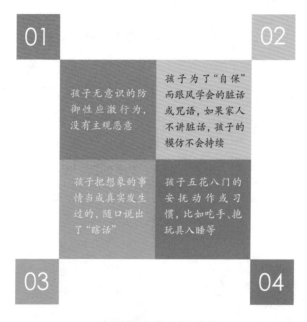

容易被误解为恶劣行为的
四种中性行为

　　● 反应性行为。它是孩子因为外部刺激而做出的回应，虽然可能有害，但并无主观恶意，是无意识的防御性应激行为。例如，2岁的孩子被同伴抓了一把，他不会像大孩子那样考虑还手带来的后果，而是本能地做出反应，抓了对方一把。此类行为肯定不应得到鼓励，但父母也不宜严厉惩罚，而应以预防、开导为主，帮助孩子明白什么叫作年龄差异和无心之举，教导孩子用其他更轻微的动作来应对。

● 跟风学会的脏话或咒语。父母都不希望孩子老说脏话和咒骂性的语言，但现实中总是免不了听见别人说，有时候这是一种语言的回击，比如用在不让坏人逍遥、不让好人受委屈的时候。孩子正是为了"自保"而去模仿一些脏话、咒语，否则可能会被年龄较大的孩子"语言攻击"。当跟风行为第一次出现时，父母有两种管理方案：第一，给出明确的戒令，但不做惩罚，避免逆反；第二，制订严格的咒语使用规则，比如只可稍微回应，不可主动骂人。如果家里人本来就没有语言暴力或脏话问题，孩子对外人的模仿通常只会持续几个星期，掌握了语言的"魔力"之后就不会经常跟风了。

家长要学会辨别孩子说脏话的原因，以及该行为是中性行为还是恶劣行为，不能听到孩子说脏话就大声呵斥，首先反思孩子在哪里听到的这些话，再对症进行管教。

● **情节或后果不严重的说谎行为。**在玩假装游戏的时候,3~4岁的孩子可能依然无法完全辨别什么是真实的,什么是想象的,尤其是在对话、回忆时,经常出现添油加醋的现象。因此,有的孩子撒谎是因为他以为想象的事情是真实发生过的,或者只是随口漫谈,话赶话说出了一些不存在的事实。假装、想象与思辨推理是人类的重要技能,父母应该顺应孩子的大部分"瞎话",编织出正向、积极的情节即可。

● **用安抚物和吃手行为。**有的小宝宝喜欢在入睡前吸一会儿安抚奶嘴。在入托、入园之后,也有不少孩子需要使用安抚物,比如抱着自己的毛毯、拽着被子一角才能午睡。除了这些,孩子还会有其他五花八门的自我安抚动作或习惯,比如吃手、摸着自己或妈妈身体的一部分睡觉。英国著名儿科医生、精神分析大师温尼科特认为,拥有自己的安抚物是孩子心理成长的一部分,自我安抚行为是一种过渡现象,不是缺乏安全感的表现。只有父母给了孩子足够多的关爱时,孩子才能学会自己安抚自己,比如适度吃手,而不再依赖父母的安抚。

哈佛大学心理学教授斯金纳的新行为主义理论认为,中性行为是大部分孩子在大部分时间内表现出来的普遍现象,在父母完全忽视的情况下会自然消失,在良好的引导下可以转化为优秀行为,在错误的干预下则会变成恶劣行为。而当父母不确定什么是最优干预时，忽视它们就可以避免出现更糟糕的情况。随着年龄的增长，大部分孩子中性行为会逐渐减少，有的孩子出现了更多的优秀行为，有的孩子则出现了更多的恶劣行为。

中性行为在不同干预下的结果

◎ 恶劣行为是有意识的破坏性行为

恶劣行为，即有意识的身体或语言攻击行为，以及其他一些造成严重后果的破坏性行为。父母要极力避免孩子学会使用玩具、工具攻击他人，以及学会掐人、踢人、咬人，或者以头撞人等，更要避免在孩子面前吵架、打架与谩骂，使用侮辱性词汇。一旦孩子出现某些极其恶劣的行为，父母应该果断坚决制止，紧紧束缚住孩子的身体或带孩子离开现场。只要足够坚定，父母脸上的表情可以搞定孩子的第一波恶劣行为。

> 如果孩子出现了恶劣行为，父母不妨花费一些时间，详细列出孩子的一些行为，从中找出1个或2个极其恶劣的，短期内严加管教，以此类推，而不要一次就想解决所有问题行为。

韩博士育儿心得

在中性行为中，父母要重点关注孩子的焦虑与恐惧行为。

当孩子产生焦虑情绪时，父母要保持温和、冷静，耐心倾听孩子的心声，握握小手、按摩小脚或背部，让孩子感受到更多的关爱与尊重。千万不要语言攻击、体罚孩子，这样会加重孩子的焦虑。

除了焦虑，孩子对某些事物感到恐惧是正常的。父母要认识到先安抚和关爱孩子，再分析恐惧的来源，才能帮助孩子克服恐惧。有效的手段有：对孩子进行实物分析、原理讲解，减少孩子对恐惧源的陌生感；家长以身作则进行示范，适度接触可怕之物，成为孩子克服恐惧的榜样，但有时父母要表现出其实自己也害怕，让孩子知道自己的恐惧是正常的；为孩子创造良好的环境，降低孩子与恐惧的情境或事物接触的频率，等到年龄稍大时，再让孩子重新尝试。

家长如何表扬与批评：
对孩子点头，对行为摇头

上一节介绍了如何对孩子的行为进行分类管理，梳理了优秀、中性和恶劣行为。其中已经涉及一些家长如何表扬、奖励或惩罚、批评孩子的内容。接下来我想再跟父母聊一聊如何具体解读孩子的行为问题，以及教养上需要避开的"坑"，以免"好心办坏事"。例如，父母该怎样表扬孩子，不让孩子产生骄傲的心理；怎样批评孩子，既不打击其积极性，又能起到教育作用……

◎ 表扬什么，批评什么，都大有玄机

当孩子表现很好时，父母可以表扬孩子的具体行为，让孩子意识到是这个行为让自己获得了赞赏，推动孩子重复或强化这种行为；也可以赞扬孩子的人格或整体，以提升孩子的自我认知、自我评价、自我效能感，让孩子从整体上感到自己是一个优秀的人，从而带动其他方面有所改进。

当孩子表现很差时，父母不能针对孩子说孩子本身有问题，而要否定孩子的错误或有害、恶劣的具体行为。父母批评孩子的品质或个性容易让孩子对自己产生怀疑；而批评孩子的某一行为更易让孩子接受，孩子不用为自己的人格辩护，不仅可以避免造成逆反心理，还能让孩子反思自己出现问题的具体原因，更加积极地关注问题的改善。

◎ 不仅要考虑孩子行为的结果，还要考虑起因与过程

孩子做出优秀行为时，如果起因是自然的、不明显的，父母其实不需要频繁表扬孩子，更不需要承诺任何物质奖励，否则会弱化孩子做出优秀行为的内在动机，让孩子依赖外在奖励，即只有父母表扬的时候，才去做这件事。很多孩子会寻求过度表扬，原因之一就是父母在不需表扬的时候表扬了孩子。当然，只要表扬不泛滥，还是能促进亲子关系的。

当孩子做错事时，家长要学会倾听，允许孩子说出自己的感受和做出这种行为的原因。待孩子叙述完，父母全面分析后再耐心地疏导，不要不分清红皂白就连珠炮似地批评。

孩子做了错事，比如推了其他小朋友，父母判断孩子行为对错的标准不仅有结果，还有行为的起因与过程。只有起因、过程、结果都是负面的，父母才能将孩子的行为定性为错误的，否则就有可能引起争论。比如孩子可能觉得对方的错是起因，或者自以为是与对方互动，只不过失手了。孩子做出严重的恶劣行为或危险行为时，父母必须当机立断，不由分说地加以阻止或隔离，而不用想太多、说太多。

ⓒ 不仅要看客观因果，还要看孩子的主观动机与意图

2岁左右的孩子会基于自己对外人、外物的理解、预期、推测而做出行动，但经常会判断失误，比如孩子会以为对方靠近是准备打自己，因此采取了先发制人的攻击行为。父母如果仅仅对攻击

行为产生的结果进行批评,往往无法达到教育的目的。根本问题在于孩子为什么会认为别人靠近自己是一种威胁,孩子到底从哪里感受到了威胁。这就要从个人经历、亲子关系、家庭环境来考虑孩子的安全感问题了。

有时候,被"打"的孩子作为当事人,会真心以为对方并无恶意,只是觉得对方的手碰到了自己的胳膊,而孩子家长却会感到对方具有强烈的攻击意图,进而引发家长矛盾。而有时候,一个孩子无缘无故地打了别人一下,起因可能是昨天或前天被对方打了一下,而家长并不知道。这就涉及更复杂的认知问题了。父母具体如何处理,取决于动手的结果是否严重以及对方家长的态度。

ⓒ 避免过度批评,以防孩子自暴自弃

过度批评或频繁惩罚会让孩子习惯接受父母的负面评价。打疲了、骂疲了,孩子开始变得渴望被打骂,或者会逃避挑战性任务,不愿意长大。父母也开始觉得不打不骂孩子的日子好像有点不正常。

如果父母想让孩子有所改变,就必须在某一时刻抓大放小,即便孩子确实缺点多于优点。很多父母会抓着孩子的缺点不放,经常拿来批评说教,这样反而会增强孩子的逆反心理,导致孩子满脑子想着"那我就要变成你讨厌的人",最终造就一个"问题孩子"。这就是古人所说的"一语成谶",在心理学上叫"自我实现的负面预言"。

改善孩子的言行举止，关键是调整好亲子关系。父母应该有一说一，就事论事，而不要打击、攻击孩子的人格或整体特征，避免使用"你总是……""你每次……""你从来……""你一直都……"等全盘否定式的说辞。

从逻辑学的角度来看，父母的全盘否定很容易引起孩子的反驳，因为只要找到一次例外，就可以证明父母说的话是错的。不过，即便孩子证明了自己不全是"这样"，在当时的语境和交流中，也可能无法获得父母的理解，最终导致亲子关系越来越差。

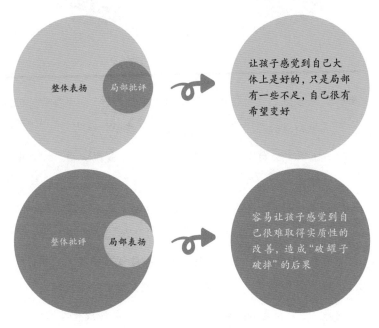

整体表扬　局部批评　→　让孩子感觉到自己大体上是好的，只是局部有一些不足，自己很有希望变好

整体批评　局部表扬　→　容易让孩子感觉到自己很难取得实质性的改善，造成"破罐子破摔"的后果

父母批评孩子的不同方式与结果

关于如何进行适当表扬和批评，有三个非常好操作的方法。

表扬孩子做事的起因、过程、结果等细节，不要总夸孩子聪明，重视孩子的付出与努力

过于严厉的批评会压垮孩子，切忌侮辱孩子的基因与智商。适当给孩子一个台阶，会让他更有信心变好

不要刻意拿别人的孩子和自己孩子比较，父母要善于发现孩子的闪光点

如何进行适当地表扬和批评

● 抓细节表扬。父母在表扬孩子的优秀行为时，一定要真诚，留心观察事情的起因、过程和结果，说出孩子做事的细节、具体过程，让孩子明白自己做了什么、怎么做才会被表扬，以便促进孩子重复去做优秀行为，或者把中性行为做出优秀的感觉。父母要恰当归因，不要把成功、成绩归因于孩子聪明，而要归因于孩子的努力、进取和付出。因为孩子的聪明程度是天赋，是不变量，较难提升。总是夸孩子聪明会降低孩子努力的积极性；而努力付出是人为可控的，是可变量，具有较大的提升空间。失败了，只需更努力即可挽回局面，这是一种成长型思维。

● 批评要适度，给孩子台阶下。父母不要侮辱孩子的基因与智商，不要说孩子很笨，因为孩子最终可能会认同这个观点，再也不努力。父母要尽量肯定或说出孩子在哪些方面做得好、做得对，然后再指出孩子的错误和不足之处，让孩子明白父母并不是只关注他身上的问题。观察身边优秀的老师，父母就有直观的感受了。这些老师往往是在说出孩子的99个优点之后，再提出1个缺点，让孩子欣然同意并努力改正。批评的力度一定要控制在孩子可以承受的范围内，比如孩子动手打了其他小朋友，父母怒目圆睁或者直接抱住孩子的胳膊，让孩子僵住不动三五分钟就行了，不需要严厉打击、压垮孩子的自我。把孩子吓哭、吓呆10分钟以上就会有副作用；而长期、频繁的打压式批评则可能会导致孩子习得性无能、自信心变弱。批评之后的几分钟内，父母不要过于热心地嘘寒问暖，喊孩子过来吃饭或喝水，这会降低批评的效力。但也不要拒绝孩子的日常需求，而要让孩子明白，即使犯了错误，父母也还是爱他的。常规需求照常满足，这样不会让孩子产生怨言，不会破坏孩子的安全感。批评是为了让孩子进步，所以要给孩子一个台阶，让孩子有信心变得更好。

> 父母应该学会一种话术，把期望变成"如果"：如果你再努力一点，如果你换个处理方式，如果你能听我劝导，那么就可以_____。

这个开放式的填空题，通过假设、演绎来提升孩子的智商与情商。终有一日，孩子也会主动说"如果、假如、要是、一旦，那么我就可以怎么样"的话，出现高级的反事实推理和未来式思考。

● 选对比较对象，发现孩子的闪光点。很多父母会有意无意地将自己的孩子与别人家的孩子进行比较，例如"你看那个妹妹比你还小半岁，吃饭都不用人喂""她早就能背好多首唐诗了""你看她坐在这儿一动不动，多听话啊，不像你，上蹿下跳的"……在被刻意比较的过程中，孩子不会意识到自己的不足是可以弥补的，反而会认为自己不受父母待见，进而产生巨大的挫败感、失落感或者恐惧感。为了避免再次被比较、再次得到父母的消极评价，很多孩子会回避挑战，把自己的行为往低龄阶段靠拢，选择完成相对简单的任务来获得赞许，或者直接放弃积极努力，而像婴儿那样爱哭、弱小、求安慰，因为在他的认知里，年纪小的时候，一哭就什么都有了。每个孩子都有自己的特点与能力，即便年纪相仿，也可能处在不同的发育阶段，父母应该看到孩子昨天、今天和明天的进步和变化，致力于发现孩子的可取之处、可赞之处，让孩子每天都感受一些成功和快乐。

理解孩子的脑回路，
破译攻击性行为

　　孩子出现攻击性行为的原因多种多样，与基因潜能、大脑发育、激素分泌、心理压力直接相关。攻击性行为的目的主要是争抢玩具、争夺玩乐空间，或者引起父母的关注、获取自己的地位、展示自己的力量，以及满足自己的其他心理需求等。攻击性行为的后果随着孩子年龄的增长而变得越发严重，可容忍性越来越低。从心理学的角度来看，攻击者通常是先被父母、亲人不良对待或攻击，孩子才出现攻击性行为。对此，父母要做的是理解孩子的脑回路，从源头上减少孩子的压力，帮助孩子找到更合适的释放压力的途径，以避免产生更严重的后果。

◎ 孩子为什么会有攻击性行为

攻击性行为源于人类的动物基因和压力释放机制。人类是哺乳动物，在基因中带有动物的攻击与自卫本能，而且有一种先天的压力释放机制，能对外界刺激做出反应。

当孩子与他人在一起时，如果孩子无法准确判断他人行为的原因、结果与意向，就有可能做出不合时宜的攻击性行为。父母对待孩子的做法会影响孩子的判断，如果父母经常假定孩子是故意捣乱、为难自己，孩子就更有可能学会"以小人之心度君子之腹"；如果父母长期给孩子温暖和关爱，孩子就会将这种关系联想到他人身上，而不会首先假定对方具有恶意。除此之外，自信心、自尊心受挫时，孩子也会有攻击性行为，但通常是攻击父母、弱者或玩具，以恢复"我最强"的自我感觉。

孩子处于低龄阶段时，别人拿了自己的玩具，孩子会直接用力夺回或推人，而不考虑对方是否会摔倒。2岁以前，父母应该避免孩子和别人扎堆，以预防为主，管制为辅。

ⓒ 了解攻击性行为的年龄发展特点

要想预防和解决孩子的攻击性行为，父母要弄清楚攻击性行为的年龄段发展特点，明白它在什么年龄段出现是正常情况，在什么年龄段出现则需要纠正与严管。

0~1岁 咬妈妈爸爸、打自己、抓耳朵、抠嘴巴，绝大部分动作只是孩子的一种手脚活动，而且不受大脑的有意控制，不具有任何伤害意图。但有时候这些行为确实会施加在别人身上，进而被受害者解读为一种攻击性行为。

2~3岁 咬、打、推、拉、扔，既是正常动作，又可能具有伤害性；既像是打人，又属于无心之过。孩子爱扎堆，但不存在合作社交，而是争抢居多。以玩具为目标，以自我为中心，下意识地直接上手去抓，在这个过程中不考虑他人，也没有能力预见危险的存在。例如，对方站在台阶上，孩子推对方一下可能就会出现危险。这就需要父母时刻注意孩子的动向，随时阻止可能发生的危险行为。

4~5岁 攻击性急剧上升，但孩子还是以玩具为目标，自发地争抢，依然没有能力预见危险，例如，被挡住去路时，孩子可能会伸手推开眼前的人。此外，模仿、玩乐性质的攻击性行为开始出现。在家挨打越多，孩子的应激反应可能越高，先发制人的攻击性行为越多。

6~7岁 ● 自发性、争抢性的攻击性行为开始减少，孩子有能力预见危险，事后会意识到错误，但在那一刻很难控制自己，就像明知道不能尿裤子却仍然尿裤子了。大部分孩子出现小打小闹、玩乐对抗等行为，且有一定的规则，但疼痛时可能会喊妈妈。少数孩子有意攻击、恶意攻击的行为开始增加，或者行为继续停留在2~3岁阶段，经常出现应激反应式的打人行为。父母怎样对待孩子，孩子就会怎样对待他人及将来的下一代。若想改变这种行为模式，父母至少坚持5~6个月的时间，重建亲子关系，以柔克刚，避免打骂孩子。

8~9岁 ● 大部分孩子攻击性行为接近尾声，玩乐性质的对抗游戏继续增加，游戏双方都更有"游戏就是游戏"的意识，即便吃亏也很少主动告状，更少喊妈妈，否则就会有被人瞧不起的感觉。孩子的心理是：战友即好友，凑到一起就开打，分开就想。个别孩子的攻击性行为变成暴力行为，而且有可能超出社会所能容忍的最高限度，比如攻击他人的头部、眼睛、脖颈，或者用危险的东西猛击他人。这些孩子通常被父母或其他亲人虐待过，容易把矛盾完全归结为别人的错，而且还会用暴力来解决矛盾，但又具有自卑、孤僻等特点，或者有其他心理障碍的前期特征。

◎ 孩子打人时，父母别当场回击

孩子攻击父母，父母用行动制止即可，最好是庄重威严地正常交流，把孩子的很多动作当作运动发育、语言学习的中间环节。最重要的是父母千万别愤怒回击，不忍让孩子，反而以牙还牙，这可能会导致一种较为恐怖的现象：有的孩子会打自己的头、脸，或者抠自己的皮肤。这是一种攻击者认同，也就是孩子认同父母的攻击性行为，进而模仿父母发出攻击，但因为年纪小，所以受害者往往是自己。如果长大一点儿，孩子可能就会回击他人了。

放纵溺爱型、忽视不管型和独断专制型的父母更容易养出攻击性很强的孩子，而开明权威型父母（详见第292页）较少导致孩子出现攻击性行为。大部分专家认为父母不能打孩子，就是怕孩子学会父母的攻击性行为。

孩子因为抢玩具打别人时，父母不要现场打孩子，而要拉开争执双方，告诉孩子："别的小朋友并没有打你，只是抢了你的玩具，你不能打小朋友。"若孩子还不罢休，就即刻将孩子带离现场。

任何事情都有两面性，教养方式要视年龄和情形而定。大部分3岁以上的孩子会越来越有挑战欲，有时甚至故意找麻烦刺激父母、惹恼父母。对此，个别专家认为打屁股也是一种偶尔可用的教养方式，总比什么都管不住要好，只是父母需要精细设计，制定具体的惩罚规则，且仅仅针对当今社会最不能容忍的恶劣行为。父母要注意不可随意爆发、任意殴打孩子，但该严管时仍要严管，而不要不痛不痒地拍孩子几下了事。孩子如果学会了父母的做法，也会如此对待下一代。总之，打屁股或惩罚是最后的育儿手段，不是父母用来撒气或泄愤的工具，目标必须清晰。

在某种情况下，孩子依然有必要拥有自保、回击的能力，只是需要更强的自控能力，分清是非、场合、情形、对象，以及出手、收手的力度与时机。父母面临的一个矛盾是：既不想让孩子具有暴力倾向，又不想让孩子成为暴力的受害者而毫无应对之力。这就需要父母亲自上阵，在安全、适当的条件下，陪孩子玩一些"对抗"游戏，顺便灌输一些输赢、反击、点到为止、得理让人的观念，教会孩子区分有意、无意或敌意性攻击，明确在什么情形下可以对什么样的人进行适当反击，还要教会孩子灵活掌握反击的原则：身高对等、手段对等、年龄对等、不用蛮力。长期坚持，孩子就不会太柔弱。女孩子也需要刚强，父母可以适当增加与她的身体对抗游戏，或者将她视同男孩来管教。

韩博士育儿心得

了解孩子的大脑是良好教养的基础，为了应对攻击性行为，父母请牢记以下建议。

1.帮助孩子重建自我认识，多对孩子进行表扬和鼓励，增强孩子内心"我是一个好孩子"的自信。

2.教会孩子合适的情绪宣泄法，比如大喊一声，或者用力跺跺脚。另外，多关注孩子的心理压力，而非一味地指责、批评与打骂孩子。

3.引导孩子换一种方式与人交流，比如要想与人玩对抗游戏，必须定好规则，选择适当的竞赛方式。

4.加强亲子沟通，不要随意打骂孩子，保持良好的家庭氛围。

5.面对不太恶劣的攻击性行为，父母可以冷处理，也就是忽视孩子，直到孩子自己平静下来。

6.绘本阅读、角色扮演可以帮助孩子提高同理心，避免孩子出现攻击性行为。

了解孩子的说谎动机，
避免孩子说谎成性

　　大部分父母都知道，刚会说话的孩子每时每刻都在"乱说"，说什么都非常可爱，比如瓶子摔碎了是风吹的、是小狗咬的，或者猝不及防得让爸爸"背锅"。

　　2~3岁的孩子还会移花接木、信口开河，而且由于智商、情商的提高，他们更加善于玩一些假装、想象游戏。说有些话貌似是"撒谎"，但实际上只是这个年龄段孩子的表达方式而已。如果父母太强调真假、语法和逻辑，那就太成人化、太较真了。

◎ 学龄前说谎，是大脑发育的"必由之路"

孩子很难区分什么是真实、什么是想象，或者压根就不想区分，这样才能总是在想象的世界中拥有主导权、"全能感"，甚至抓一把空气就可以说自己吃到了一切。其实专家也很难搞清楚，孩子说谎到底是进入了想象世界，还是有意识地骗人。

早期"说谎"是很重要的技能指标，2~3岁还不会"说谎"的孩子，有一定的可能性是大脑发育出现了问题，比如自闭症患者的特点之一就是极少会假装或说谎。

父母在意的说谎问题其实是撒谎成性。但心理学研究表明，即便是到了3~4岁，大部分孩子还是不善于说谎，他们的说谎行为几乎还停留在"睁眼说瞎话"的低级阶段，非常容易被父母拆穿。

如果把信息失真、以假乱真的事情叫"低级谎言"，那么调查表明，4岁的孩子平均每120分钟说一次谎，6岁的孩子平均每90分钟说一次谎，而且谎言通常会有明显的漏洞，因为他们不具备一定的认知能力来预测父母是否能够看穿事实。

科学研究证明，不管孩子在6岁之前说了多少谎，都不影响他日后的道德观念。因此，父母在孩子6岁之前，也就是大脑发育尚未完成的时候，不必过于担忧孩子的"低级谎言"，不要以为说谎就是品性不好，而应该看到"说谎"意味着孩子的认知能力有了正常的提高。

　　父母在跟孩子玩捉迷藏的时候，应该都能留意到一个很有趣的现象。4岁的孩子可能仅仅把头钻进被窝，把屁股露在外面，就以为父母看不见他了。孩子看不见父母，就误以为父母也看不见他，这说明他还没有超出自我中心主义的视角，而且正因为他还是如此"无知"，所以压根没有能力撒谎，也没有必要撒谎。还有一些孩子面对父母"藏好了吗"的问题，会毫不犹豫地回答"藏好啦"，完全没有意识到这就暴露了自己。有这样的情况那就说明孩子还没有达到说谎、骗人的心智水平。

孩子只是把希望发生或想象发生的事情当成了现实，才会对父母说"藏好啦"，这种无意识的想象力反而是孩子的一种宝贵财富。

ⓒ 父母惩罚越严厉，孩子越容易说谎

说低级谎言意味着孩子开始从自我视角转向他人视角，即站在他人的角度去审视自己，尤其是站在父母的角度去观察自己。比如说谎的孩子最初看到的是父母对自己的不满与惩罚，所以才要掩盖自己的真实言行。这样的现象代表孩子开始顾及父母的感受，预料到可能会有惩罚，因而产生了本能反应——否认、说谎，但谎言通常比较稚嫩，自以为可以躲过父母的眼睛。问题越严重，惩罚越严厉，孩子越有可能说谎。但如果经历过父母的责罚、威胁或打骂，孩子说谎的时候就会感到害怕，很多身体上的小细节，比如心跳加快、神态不安、脸色发红或脸色苍白会"出卖"孩子。不过，孩子年龄越大，说谎能力越强，越具有策略性、目的性，会让父母看不出来自己说谎，以避免惩罚。

如果主动坦白后惩罚较轻，而被拆穿后的惩罚较重，孩子说谎的动机就会减弱。如果承认事实就可以免于惩罚，那么孩子说谎的动机就会更弱，甚至再也没有必要说谎。父母是加重还是减轻、取消惩罚，要看孩子说谎的内容是不是恶劣。

如果孩子只是在一些生活琐事上撒谎，比如偷吃零食、偷看电视，一被问起就说"没有"，那么父母因为这类事情惩罚孩子并不是最好的管教策略，这会促使孩子进一步学会偷偷摸摸。与其这样，还不如正大光明地满足孩子，在孩子想吃糖的时候给一颗，在孩子想看电视的时候陪他看一会儿。

> 没有被满足的孩子,才需要背着父母做些什么,甚至会有冒险行为。父母可以考虑满足孩子一些特别但短期无害的要求,然后再加以适当约束。

如果孩子只是经常否认做错事,父母不妨就"惩罚"孩子去体验做错一件事的自然后果,而不施加过于严厉、过于主观的人为惩罚,避免孩子想要否认已经发生的事实。还有些孩子说谎是为了炫耀自己没有的东西,夸大自己的本事或能力,以此博取老师、父母、同伴的同情与好感,甚至得到一些好处。这时候,父母最需要做的一件事就是增加对孩子的关注、赞扬、欣赏或日常满足。

Ⓒ 如何避免孩子谎话张口就来

绝大部分成人都曾说过谎,但说谎成性的人只是很小一部分。孩子说谎成性大多是由惩罚太严、管制太多、满足太少、给自由太少的父母"强化"出来的。孩子只能通过隐瞒事实、避开父母的方式来获取本就应得的基本满足,而父母的惩罚与管制只会让事情转入"地下更深处"。

说谎成性既表明孩子有一定的行为问题，又反映父母的管教策略不够恰当。有的父母太渴望孩子具有超前的道德意识，给孩子一些说瞎话的中性行为贴上说谎的标签，比如经常说孩子"你就是个小骗子、谎话精"，结果一语成谶。

贴标签虽然可能只是玩笑话，但不能总是出自父母之口。因为父母觉得很随意的几句话，很可能让孩子深信不疑，最终对孩子造成很大伤害，甚至导致孩子果然变成"骗子"。就像很多父母会说孩子"笨、傻、调皮"，反而加重不良后果，影响孩子心理健康。

为了避免孩子说谎成性，根本方法是适度处理孩子的错误或问题行为。这里我给父母提三个建议。

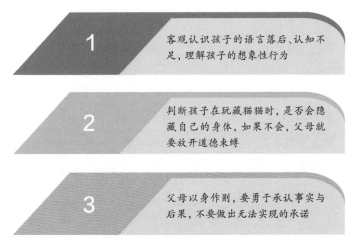

父母如何避免孩子说谎成性

● **考虑孩子的年龄、语言与认知水平。**对语言落后、认知不足的孩子，父母要把"说谎"理解为低龄孩子的想象性行为。当然，很多父母不愿意承认自己的孩子发育不足，不愿意按照孩子较为落后的心理年龄来看待孩子的说谎行为，那就可能导致孩子一直被批评、从未被理解，进而形成标签效应，还可能造成孩子逆反。

● **不急于批评。**在发现孩子说谎以后，父母不要急于斥责孩子，而要继续观察孩子在捉迷藏游戏中，是否毫无防范地暴露了自己。如果像上文说的，孩子毫不犹豫地暴露了自己的位置，那说明孩子还没有真正想要说谎的意识。只有学会了完美"隐藏"自己的身体，才表明孩子是真的想要隐瞒自己的行为。父母需要放开道德束缚，把孩子的行为正常化，用"忽视法"塑造孩子将来的行为，让孩子知道父母会满足自己的合理要求，而且不会过度地惩罚。

● **避免"哄骗教育"。**父母要避免自己先说谎再圆谎，避免"哄骗教育"。父母不要做出无法兑现的承诺；不要为了应付孩子而随意解释家庭矛盾、夫妻矛盾，而要敢于承认事实与后果，合理说明成人的愤怒或其他情绪；不要"交代"太小的孩子别将家庭矛盾告诉他人。

　　父母要正确看待孩子的说谎行为，不能轻易把孩子"定性"为某种人，认为说谎了就是骗子或坏孩子，也不能直接将说谎行为与道德品行挂钩。当然，严重的说谎行为必须及时纠正，父母不能让孩子因此获取任何好处，但惩罚要轻，尤其是在孩子承认事实、不再否认时，父母要进一步降低惩罚，以示鼓励。

当孩子说"我可以飞"时，明显是认知不足，而非真正在说谎，此时家长如果批评孩子，说他是"骗子"，孩子会信以为真。长此以往，孩子会在这种暗示下朝错误的方向发展。

孩子的坏习惯如何避免，
好习惯如何建立

　　每个家长都想让孩子养成好习惯，舍弃坏习惯，那怎么定义好和坏呢？对孩子的一些习惯性生理现象，比如挤眼睛、耸肩膀，虽然父母很担心，但这些动作多半是神经系统的自然扰动，绝大部分会自然消失。而且它们是无意识动作，除非父母挑明了、干预了，孩子才会在中断行为时加强注意，不过这样反而会导致这些行为消失的速度变慢。社会风俗、时代风尚、年龄差异或父母偏好等因素都会影响成人对好习惯、坏习惯的区分。

　　时代在变，国情在变，一种习惯或行为方式是否适应不断发展的社会才是更重要的。这一节将先带父母了解大脑的习惯化机制，再谈孩子的好习惯、坏习惯。

◎ 孩子的大脑有"习惯化"机制

习惯化是大脑的一种适应机制。大部分事情在经过一段时间的重复体验以后，大脑就能以相对稳定的方式处理信息、做出反应。这意味着孩子具有了一定的归纳、推理、预测能力。

父母连续给孩子看七八次蓝色卡片，孩子就会"预测"下一张卡片还是蓝色的。如果父母耍了花招，出了一张红色卡片，那就打破了孩子的习惯化预期，引起他的注意："咦？刚刚七八张蓝色卡片，现在一张红色卡片，有意思，我想看看后面是怎么回事。"如果父母按照孩子的预期，继续出红色卡片，孩子会习以为常，形成又一轮的习惯化。

连续七八次出蓝色卡片。

第一次出红色卡片，打破习惯化预期。

儿童大脑的"习惯化"机制

习惯化当然没有这么简单，大部分运动技能、身体动作，比如走路，孩子的大脑是必须习惯化的，只有习惯了，才能保证安全。习惯走路能节省大脑注意力和能量的损耗，学习骑自行车也一样，孩子习惯化以后就不会感到紧张，眼睛也解放了，有时还能边骑边说话，安全感直线上升。大脑的习惯化意味着熟能生巧，也可能意味着兴趣下降。例如，孩子不会走路的时候，非走不可是想多练习。但等真正走稳了、走多了，可能又要父母抱，因为孩子走累了、走腻了，或者目的地不够有趣了，这都是习惯化的自然结果。

玩玩具也是一样，刚解锁了一个有机关的玩具，孩子会非常兴奋，还想再体验成功的感觉，动不动就想玩，可玩了好几次之后，孩子就会觉得没意思了。这时，父母只需带孩子寻找新玩具、新玩法、新项目就行了。

ⓒ 偶尔"去习惯化"，大脑更兴奋

习惯化通常是好的，父母不需要管太多。如果是习惯化的不良行为，那么大部分只要过了高发期就会自然消失。但在某些情况下，习惯化是有害的，比如有时候现实情况已经发生了剧变，但人们还沉浸在习惯化的思维之中，没有发现新问题的苗头，不做出改变，结果离预期越来越远。因而有时候人们要刻意打破习惯化行为、习惯化思维。年轻的父母偶尔来点小浪漫，出去逛个街、吃顿晚餐、看个电影，激活一下恋爱时的新鲜感，也是这个道理。

小孩子看到水坑，会很兴奋地踩一踩。但如果连着两三周都下雨，孩子可能就没有兴趣踩水坑了。反而是父母的禁令会让孩子不断地想踩水坑。

除了特定的安抚物，孩子对熟悉事物的兴趣通常会逐渐减小，比如父母买的新玩具，通常一两天就玩腻了，因为孩子的大脑觉得它没有新奇性、挑战性了，也就是习惯化了。但如果在玩腻的时候，有同伴突然要抢，孩子就不腻了，又要玩一下，这就是所有权之争引入了新刺激，打破了原有的习惯化趋势。在脑科学中这叫作"去习惯化"，也就是习惯化的中断。

大部分孩子的日常行为都具有习惯化趋势。然而，父母的阻止、打骂引起孩子的逆反，出现"越不让我做，我越要做"的情况。心理学上把这种情况称为"负面强化"，也就是中性行为、不良行为的持续时间延长，久而久之就会形成坏习惯。一种欲望持续得越久，超过一定的年龄限度，还有可能变成一种"执念"，那就可能会对坏习惯上瘾。对孩子一些常见的不良行为，父母可以采取

"三面围堵，网开一面"的做法，引导孩子走向成人想要的结果。试想一下，父母一直禁止，孩子就有可能趁父母不在的时候偷偷去做那些危险的事情，因而会有更大的安全隐患。

父母若想禁止孩子去拿易碎和危险的物品，就要主动给孩子安全物品，或者手把手带孩子去体验危险物品，经过六七次之后，孩子就可能不喜欢这么做了。也可以让孩子体验一次可承受的"疼痛"，这样孩子就不会再想触碰危险物品了。

"

哈佛大学心理学教授斯金纳提出的"自然消退法"，就是为了解决负面强化的问题，消除坏习惯及其上瘾问题，核心就是"忽视"孩子的不良行为，让孩子的大脑重新走上习惯化的道路。

"

ⓒ 满足大脑，就能避免大部分坏习惯

越满足，越没瘾。因此，要想避免孩子出现坏习惯，父母要做的就是让孩子的大脑得到满足，得到足够的体验，一旦习惯化，孩子就会失去兴趣。不过，孩子的想法会越来越复杂，他们会有连续不断的、千奇百怪的新想法、新需求，父母可以不断采取"欲擒故纵"的方法，阻止孩子去做危险的事情，引导孩子去体验一些容易习惯化的事情，比如丢石头、捡树叶，顺便聊聊玩石头和树叶的时候什么可以做、什么不可以做，提高孩子的认知与分辨能力。

但有一些事情是例外，父母必须从一开始就管住，那就是不能让孩子无节制地看电视、沉迷玩手机，尤其是不能养成边看手机、动画片边吃饭的坏习惯。因为玩手机或看动画片对大脑来说是很难习惯化的，手机、动画片太有趣了，让孩子欲罢不能。这其实也很好理解，很多成人刷短视频，也是几个小时都不会腻。

手机、电脑、智能手表等智能设备的适用人群逐渐低龄化，同时电子产品的刺激元素过多，使得孩子难以习惯化。因此，家长要尽早控制，防止孩子过度沉迷。尤其是边吃饭边看电子产品，对孩子的脾胃也非常不好。

孩子看动画片不是不可以"欲擒故纵",而是难度高、风险大。我在第2章讲过,孩子在说话流利之前最好严禁看动画片,流利说话之后要控制看动画片的时间与频率。父母得规定孩子在固定的时间、固定的地点或场合观看相对固定的动画内容,而不能让孩子随意浏览、更换主题。固定性有助于让孩子习惯父母对自己的管教,习惯父母制定的规则。主导权、控制权必须在父母手里。这里提醒父母一句,控制权不要过多用在日常活动上,比如不让孩子爬高爬低、吃零食等,束缚太多会影响孩子成长。

◎ 好行为"去习惯化"就是好习惯

当然,还有一些好行为,父母希望孩子能够长久保持,或者说把它们变成好习惯,比如善于整理物品、爱读绘本、喜欢户外活动,去习惯化以后孩子就会变得严谨有序、坚持学习、热爱运动。

父母对读绘本这件事再熟悉不过。孩子通常喜欢妈妈来读绘本,但在测试孩子的大脑时专家发现:绘本的具体内容不是重点,重点是孩子想跟妈妈在一起。读了几遍后,孩子的大脑很快就对绘本内容习惯化,不再吸收其中的知识信息,这时候让孩子更沉醉的是妈妈温柔的声音或温暖的接触。如果妈妈突然喊错绘本主人公的名字,或者故意讲错一段情节,孩子大脑的习惯化被突然打破,会重新激发"兴趣",孩子甚至会激动地叫起来,纠正妈妈的错误。

其实，人们所说的各种好习惯恰好是大脑"去习惯化"的结果。习以为常的事情在大脑彻底失去兴趣之前被打破了，产生了兴趣反弹。当然，反弹之后可能还会习惯化，兴趣还会减弱，但如果再来一波又一波的反弹，那就会形成循环往复的波动，把兴趣维持在相对较高的水平上。

如果父母想让孩子多注意绘本内容，那就可以尝试偶尔读错或者漏读，引起孩子的关注和纠正。如果孩子感兴趣的绘本内容不太好，父母想尽快"戒掉"孩子的兴趣，那就可以尝试一字不差地读，不要绘声绘色、声情并茂地读，更不要在睡前陪孩子读，因为这可能会变成一种睡眠仪式。如果父母想让孩子对绘本有所留恋，那就应该在孩子频繁走神的时候，在孩子说出"别读了"之前，抢先一步说"我们再读几页就不读了"，并且真的果断停止，这样孩子就会有点依依不舍。有些孩子一旦听父母说不想读了，就会哭闹，那可能是因为父母真的很少陪他，他害怕父母在他"不想"学习的时候消失。

欲知后事如何，请听下回分解。

家长陪孩子阅读的时候可以"欲擒故纵"，保留神秘感，留下一个结尾或者给孩子提出问题，给孩子恋恋不舍的感觉，让孩子主动要求下次继续阅读。

如果父母觉得孩子今天被拒绝了肯定会哭，那就先不要拒绝，而是继续读，等到孩子的大脑将要习惯化，对绘本的兴趣没有那么强烈了，再提出"不读了"。这样也可以打破孩子大脑的习惯化，延长孩子的兴趣。但是，一旦孩子真的哭起来，那就说什么都不要再读了。其他事情也是一样，不哭之前酌情考虑，哭了就不要满足孩子，否则孩子会养成用哭闹来要挟父母的坏习惯。孩子习惯了父母果断的行事风格，知道哭也没用，就不会继续试探。但前提是父母要大量满足孩子的正常亲子互动需求，即便这次哭了得不到满足，也不会因为恐惧而情绪崩溃。

ⓒ 培养好习惯，言传不如身教

越禁止越想要，正是心中未被满足的渴望在持续推动人们去做某事。孩子有很强的好奇心，喜欢模仿亲近的人。因此，要想让孩子养成好习惯，关键是父母先变成孩子的亲密依恋对象，再展现自己良好的一言一行。

孩子养成好习惯是靠父母的行为示范，而不是靠说教。父母没有好行为、好习惯，却想让孩子做得更好，这是比较困难的，甚至会被孩子反唇相讥。比如，父母总是躺着玩手机，那就很难说服孩子坐好看书。反之，如果父母行为一贯优秀，那么即便孩子出现一些偶发的不良行为，这些行为也不会变成坏习惯。

> 很多人觉得孩子黏人，那是因为孩子把父母当作全部依靠。从大脑选择学习的对象来看，孩子无疑会选择观察、模仿父母。父母要意识到自己的重要使命，在适当的时间言传身教，因为童年是父母教孩子处世技能，塑造孩子行为、性格与良好习惯的好时机。

就大部分日常事件而言，如刷牙、洗脸，父母不用经常催促、逼迫，更不必把孩子逼得大哭大闹，那样反而会损伤亲子关系，容易引起逆反。有些孩子不爱刷牙，是因为他的大脑认为牙刷放在嘴里会触碰牙齿，可能会引起恶心呕吐，是一件非常危险的事情，而父母也曾无数次地告诫孩子不要把某些东西放进嘴里。孩子的思维很合理，并没有错。

家长可以让孩子给自己刷牙，或陪孩子一起刷牙，并且在刷完牙后展示干净的牙齿，让孩子明白刷牙是一件有意义、不枯燥的事情。

　　还有一些孩子年纪小，没有认识到刷牙的意义，而又不愿意模仿父母，所以抵触刷牙。这时父母可以给孩子选择一两个好的角色形象，告诉孩子这些角色在动画片里是怎么仔细刷牙的，让孩子联想代入自己的行为。还可以日复一日地在孩子面前用夸张和开心的状态刷牙，营造刷牙的欢快气氛，让孩子不知不觉就想参与。父母还可以试试反向操作，偶尔说："你不想刷牙，以后爸爸妈妈就不催你了，但是你自己要为蛀牙承担后果。"

　　当然，有些事情终将失去兴趣，有些好习惯做着做着就坚持不下去了。不过，重要的是孩子有能力去做，中断、停止都不是问题，兴趣通常会潜伏一段时间，然后在恰当的时候复燃，正如"野火烧不尽，春风吹又生"。

自由探索是
全脑整合的必要条件

自由的起点是自发，终点是自律，不是无限制的任性。孩子年纪越小，受到的限制越大，不仅受自然力量的制约，还受父母力量的制约。比如新生儿、婴幼儿总是会被限制在几十平方米的活动范围内，或者至少被限制在父母的视线范围内。但限制只是保证孩子安全的一种手段，并不能促进大脑发育。父母的目标是想尽一切办法，让孩子健康成长。在成长过程中，孩子的大脑极需自由探索；同时，孩子会在自由探索中逐渐掌握各种各样的技能，合理突破一定的限制与束缚，让自己变得更强大，同时找到社会规则的边界，以便在今后的社会中取得成功。

◎ 自由探索非常有利于孩子成长

6岁以前的孩子主要是通过"玩"来建立终身学习的基础。为什么是6岁以前？因为6岁时大脑已经完成了大部分发育工作。在此之前养成的很多行为和习惯将潜移默化地影响孩子的未来发展方向。父母适当放开手，让孩子自己去探索，时间久了，孩子身上的闪光点会越来越多。

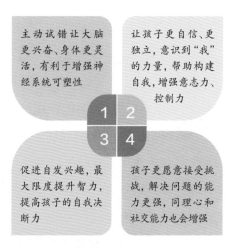

主动试错让大脑更兴奋、身体更灵活，有利于增强神经系统可塑性

让孩子更自信、更独立，意识到"我"的力量，帮助构建自我，增强意志力、控制力

促进自发兴趣，最大限度提升智力，提高孩子的自我决断力

孩子更愿意接受挑战，解决问题的能力更强，同理心和社交能力也会增强

儿童自由探索的益处

● 有利于大脑发育、身体成长。自由探索时，孩子处于高度愉悦的状态，大脑注意力集中、非常灵活，更能体会到活动的乐趣和兴奋点，身体和大脑的运作被充分调动，身体运动、操作经验对神经系统的可塑性有所增强。因为是自主探索，所以搜索的动机更强，孩子会主动试错、自动纠错，更少依赖、埋怨别人。

想象一下，孩子总在"不能做这个，不能玩那个"的束缚中，此时孩子是被动的，大脑不兴奋、不专注，一旦受挫折就会有更大的愤怒感，或者深深的无助感、无力感。

● 帮助构建自我，增强自我意识和意志力。自己的动作与行为引起了某种结果，这会让孩子意识到"我"的力量：是我开动了小火车，是我想到了一个好主意，是我让爸爸妈妈变得开心，是我帮助家人做了家务……我对自己感到满意。

> 自由的孩子更有自我意识，更强势，更独立，也更懂得如何自我约束、排解压力和控制冲动。

● 促进自发兴趣，提高自我决断力。真正的兴趣是自发的，由自己推动的兴趣更强烈、更持久。有的父母害怕孩子按照自己的兴趣做事，在他们看来，孩子喜欢做一些把自己弄得很脏但没什么用的事情。但实验发现，孩子的大脑在自主活动中效率更高，做这些原始活动才能最大限度地提升智力。父母不妨设身处地想一下，如果自己有权决定做什么，那么通常更加愿意听长辈建议，较少逆反，而不必用拒绝、反抗、剑走偏锋来凸显自己。孩子也是同样的。

● 提高社交能力，成为领袖型人才。经常自由探索的孩子可以接触更多的挑战，也愿意接受挑战，好奇心和想象力更丰富，发现问题、解决问题的能力更强。自由探索会给孩子带来更多的社交机会，尤其是出主意、当领导的机会。当孩子没有权力自主探索的时候，通常会与父母争夺自控权，可能会出现逆反、与父母对着干的现象，同理心与社交能力会减弱。

自由探索有很多好处，但过程可能是曲折的。孩子会慢慢发现自己的极限、局限、劣势与不足，以及社会上其他人对自己的接纳与容忍限度，明白不是所有人都能像父母那样包容自己，而这可以提高孩子的受挫能力。

◎ 吃喝事小，自律为大

简单地说，现在逼着2~3岁孩子吃饭的父母，大部分将来也会逼着孩子做其他事情，包括写作业，尤其是在孩子青春期时，好像不逼一下，孩子就什么都不能独立自主地完成。能够忍住焦虑，不逼着孩子吃饭的父母，大多数不会逼迫孩子做其他事情，因为他们和孩子已经形成了默契。相应地，在吃饭这件事上拥有自主权的孩子，将来很有可能会主动做事，因为他具有比较强劲的内驱力。

饮食自主是培养自律的最佳途径。其实就算父母不逼、不催孩子吃饭，大脑在最后时刻也会协调和把关，这就是人们常说的"自律"，也就是自我控制。反之，连最基本的生理需求都无法自主的孩子，大多也无法独立满足自己的心理与社会化需求，包括独立睡觉、自我安抚与主动学习，甚至不会产生独立需求，比如他们不会把写作业当成自己的需求，而要等着父母强求去做。当然，父母偶尔催促是免不了的，没有什么大问题。这里说的饮食不能自主不是单次、偶发事件，而是一种长期的饮食问题，也就是只要说到吃饭孩子就会哭闹挣扎，父母就要催促逼迫一番，甚至父母与孩子形成一种"猫抓老鼠"的饮食模式。饮食模式预示了孩子未来的学习模式，除非发生重大改善，否则真的会应验。

吃饭的时候就好好吃饭，吃完了就离开餐桌，别打扰别人吃饭。

家长要让孩子明白，餐桌就是吃饭的地方，不要在就餐的时候兴奋地谈话、哭闹、看电视等。

◎ 孩子是主角，父母是配角

"看我的""我能""我要""我来""我可以"……爱说这些话的孩子更自信，具有成为领导型人才的潜力。父母的肯定与赞美、表扬与欣赏，甚至一个微笑反馈，都会放大孩子的自我评价，增强他们的自信心和内驱力。因此，父母要创造一个安全的大环境，让孩子在自由探索中多发现一些"我"能之处。

聪明的父母应该主动当配角，让孩子当主角。在复杂的玩乐探索过程中，孩子能力达到极限，解决不了问题、心理受挫、即将崩溃时，父母及时指明方向，陪同孩子一起解决困难，这样既缓和了孩子的情绪，也没有过多剥夺孩子的自主积极性。自由探索的反面是父母过度规划、指导、控制孩子的具体行为，在亲子互动中越俎代庖、反客为主。

我曾经在学校操场上见过一位爸爸指导4岁的孩子练习攀爬。他"连珠炮"式的指令让孩子不知所措、无所适从，不知道何时出手、何时出脚。孩子的大脑几乎停止思考，指挥系统完全被爸爸的指令覆盖了。

父母的指令进入孩子的语言脑区后，即便大脑接受，指令也要延迟几百毫秒才能进入运动脑区，指挥手脚活动。因此，父母的指令与孩子大脑的指令起冲突会让孩子变得畏首畏尾，不知道该怎么做。

孩子在攀爬，父母不停地
发出指令，孩子大脑处于
混乱状态，手足无措。

孩子自由地攀爬，父母微
笑着说会保护孩子安全，
孩子大脑就没有恐惧，想
完成挑战。

父母把运动当作任务，是没有意识到孩子大运动的目标不是攀上顶层，而是锻炼大脑对手、脚、眼睛的指挥能力，以及心、脑、身体的协调能力。结果不重要，过程才是王道。父母把非常复杂的攀登过程简化成右手上、左脚上，左手上、右脚上，粗暴告诉孩子怎么做才可以最快达到目标，这使得攀爬探索失去意义。

在完全没有危险的活动中，部分家长也喜欢给出具体的指导，比如"这个玩具应该这样玩，你那样是装不上去的""你这是在瞎画，颜色丑死了，你看我画的""你把东西给我，我来教你做"……久而久之，互动变成了父母主导、孩子执行的过程，孩子失去兴趣、创意、主动性，好像自己不会玩似的，最终更爱求助、附和父母，像一个木偶。

极少数父母不仅爱指挥、控制孩子的行为，还想控制孩子"想"要什么、"想"做什么，这会导致更严重的问题，比如习得性无能，孩子变得需要被控制、被约束才能做事情。而这就是现在社会上出现"妈宝男"的原因之一。

ⓒ 在保证安全的前提下让孩子试错

关于自由探索，我还想给各位父母提两点建议。

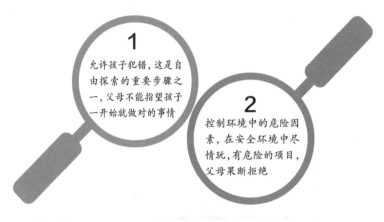

自由探索的原则与方法

● 允许孩子犯错、走弯路。在自由探索的过程中，孩子一定会犯错误，走很多弯路。多走弯路对孩子来说是"多"了"弯"的过程，而没有"弯"的损失，因为只要是路，只要能走、能运动，就已经达到了目的。直路只有一条，弯路却有很多，千变万化的路更有体验价值，走弯路恰恰是一种好的锻炼。犯错是自由探索的重要步骤之一，是孩子在自由探索过程中提升自己的好机会。父母一定要允许孩子犯错，不要过于严厉地斥责、频繁地说教。谁能保证做任何事一开始就是对的呢？

●控制环境中的危险因素，而不是直接控制孩子的行为。自由探索的阻力是安全问题，我非常理解父母的担忧。既然是玩耍，在安全的环境中尽情玩，果断拒绝危险的游乐设施或项目，或者父母在自己的可控范围内，让孩子尝试一下，尝试失败会让孩子发现自己的局限性，可以避免孩子因逞能而受伤。

如果父母觉得孩子的大运动能力还有所欠缺，不适合攀爬游戏，那就不要带孩子玩，也不要帮着孩子完成危险的动作，比如扶着孩子攀爬。

孩子玩耍时，父母可以提前站在可能出意外的地方，盯着孩子的动作，如果发现孩子已经不知所措了，那就时刻准备好接住孩子可能失去重心的身体。这样可以让孩子感受到之前的某个动作失误会导致自己失去重心而掉落，从而吃一堑长一智。

父母也可以亲自上阵，控制、改善环境中的危险因素，比如把地上的油、水擦干净，为可能踩空的地方装上防护网，捡起玩耍区域里的碎石子。孩子在玩耍的时候，为了预防危险，父母还可以用鲜艳的颜色、孩子的玩具作为标记物，为孩子划定自由探索的区域。

第 **5** 章

共情养育，
大脑不焦虑，孩子更快乐

一般来说，孩子小的时候，父母关注的焦点主要是孩子的身体发育与生理健康，大一些了就是学习成绩和升学问题，而较少关注孩子的心理健康对身体、大脑和心智的影响。如今，越来越多的父母开始注意教养方式，比如知道过度攀比、暴力沟通、窥探隐私可能会导致孩子焦虑、恐惧或自卑。因为一旦可怕的情绪占据主导，孩子不仅大脑混乱，心理拼图也会有部分缺失。

健康的心理要从小培养，父母需要改变自己，共情孩子，培养他们的自信心和延迟满足的能力，鼓励他们用积极的心态对待学习与生活中的挫折，避免出现心理问题。

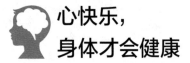

心快乐，
身体才会健康

孩子的身体健康无疑是父母最关注的。但最新研究发现，心理健康的人更能维持身体与大脑的正常运作，而心理不健康的人很容易出现身体亚健康状态，甚至出现身心问题。

保证孩子心理健康其实比成人简单多了。只要父母大部分时间合理满足孩子，让孩子开开心心的就可以了。合理需求被满足的孩子智商、情商更高，不太可能出现逆反、上瘾等心理问题。反之，合理要求不被满足的孩子会有贪念、执念，其根源是心理压力导致大脑中的"快乐激素"分泌异常。

从脑科学的角度来看，需求得到满足时，心理状态稳定，大脑会正常分泌"快乐激素"，能保证思维、内分泌系统、免疫系统运作良好、协调一致，让孩子食欲旺盛、睡眠安稳、心理健康。这是所有父母梦寐以求的。与此相应的是，孩子高兴时，父母的大脑也会分泌更多的"快乐激素"，从而增进亲子之间的联结。

按照心理学家弗洛伊德的理论，孩子大部分时间遵循的行为原则就是快乐第一，而"本我"蕴含的是与动物相似的本能与欲望。只有需求被合理满足的孩子才会有逐渐控制自己本能与欲望的能力，逐渐升华自己，长大成人，具有健康又稳定的心理状态，最大限度维持身体健康（排除疾病因素）。

懂得共情的父母更理解孩子的本性，更容易走进孩子的内心，更能给孩子恰到好处的满足。

别总拿"别人家的孩子"
作比较

几乎所有孩子都会有一个"公敌",那就是"别人家的孩子"。而"别人家的孩子"仿佛千人一面——听话、懂礼貌、学习好、爱运动……各方面都十分优秀。然而,"别人家的孩子"其实也会被自己的父母唠叨:"你看看隔壁的×××!"家庭教养的核心并不是施加压力,而是培养孩子内在的自信和乐观。如果回到家里总是和"别人家的孩子"这把尺子比较"长短",那家对孩子来说或许就不是温暖的港湾了。

跟孩子一样,父母在职场中也会被频频比较。站在这个角度,父母会发现孩子需要的是父母的鼓励和关爱,这会带来的更强的努力动机。

◎ "别人家的孩子"并不完美

从心理学的角度来看，"别人家的孩子"是父母理想的投射。父母忽视他的缺点，剔除他的不足，塑造了一个完美孩子的形象，假定他不会出现自己所厌恶的行为或问题，以便于在自家孩子不完美的时候，搬出来比一比，无意之中透露了自己的渴望。

"别人家的孩子"真的不会惹父母生气吗？那不太可能。他很完美，但这是因为外人仅仅知道他优秀的地方，不知道他在自己家里的真实表现，就像成人在家里和在单位表现也可能是不同的。"别人家的孩子"的父母不可能把孩子的所有方面展示给外人看，只会刻意挑选一些好的事情加以分享，因为只有这样才会迎来羡慕的目光。

孩子"一半是天使，一半是魔鬼"，在人前是"天使"，在家中是"魔鬼"。父母只拿"别人家的孩子"天使的一面说事儿，是一种无意识的以偏概全。

◎ 频繁的比较会让孩子变得叛逆、自卑

父母总爱比较孩子的原因之一是想用"激将法"来督促孩子，让他也优秀起来。争强好胜是孩子的特点，但通常是在自己渴望的事情上或者新鲜刺激的事情上才会争先恐后，一决高低。男孩子尤其喜欢展示自己的强大力量，喜欢表演各种高难度的动作或技能，喜欢挑战别人，证明"我比你厉害那么一点"。但如果是在家里，比如吃饭这些行为，大部分孩子根本不想赶超"别人家的孩子"。这不是因为他们不想得到父母的赞扬，而是他们知道父母的爱是无条件的，或者至少曾经是无条件的，他们就想用不良表现来试探一下父母的底线。

确实，等孩子长大一些，发现父母的爱似乎变得有条件了，那就是自己的行为要符合一定的标准，符合父母的预期，只有做对了、做好了，才能赢得父母的表扬和爱。有些父母会明说"你再这样，我就不喜欢你了"，或者稍微客气点说"我不喜欢你这个行

你看看别人家的孩子！

每个孩子都有自己的成长规律，父母总是与"别人家的孩子"比较，会让自己的孩子越来越没自信，甚至"仇视"他人和父母。

为"，但对孩子而言，这就相当于失去了父母无条件的爱。部分孩子会陷入自我怀疑，或者失去安全感，变得更加黏人。父母想通过"撤回关爱"来迫使孩子学好，往往会被孩子的大脑解读为是一种"威胁"。

每个孩子都渴望获得关注与表扬，因此才愿意在父母面前炫耀、显摆。但如果孩子感到失去了父母的肯定，原因竟然是父母觉得其他孩子比自己还好，那就会引起孩子的敌意，孩子会否认甚至攻击更优秀的人，尤其是用语言来贬低对方的成就，比如说："会背诗有什么了不起的，我有各种点子，别人都喜欢跟我玩。"或者说："虽然他得了小红花，但我一点儿都不稀罕。"这就是心理学中的"自我防御"。

父母希望孩子"知耻而后勇"，但这只对少数青少年有用，对大部分年纪小的孩子而言，父母的说教往往变成了贬低，很容易引起孩子的不满、逆反、自暴自弃或悲观无助。这个时候，父母越是念叨自家的孩子不如"别人家的孩子"，越有可能造成孩子自卑。

自卑的孩子不是天生的，绝大多数是被父母、老师、同伴"比"出来的，并得到了大脑的认同："我就是不如他，我就这样了。"正常的孩子都会高估自己，觉得自己是无所不能的，这在心理学中叫作"全能感"。但随着年龄的增长，孩子会逐渐受挫。部分孩子过于自卑，原因之一就是父母的打击太多了，导致孩子的"全能感"下降太快，不再试图证明自己的优点和价值。

ⓒ 偶尔比较时，夸夸孩子的闪光点

偶尔与"别人家的孩子"比较是可以的，但前提是父母要发现自家孩子的闪光点、特质或是潜力，让孩子知道他本来就有的优点和长处，然后积极地关注，热心地引导，让孩子树立自信。如果要借用孩子的好胜心，父母可以先说"你本来就很努力"，然后列出令人信服的证据，证明孩子确实是因为努力才拥有收获，最后再说"相信你未来可以做得更好"。

有参照、有目标才能进步，那么怎样偶尔比较才不会让孩子反感？我给父母提出以下三点建议。

父母不能用榜样压迫孩子，选择的榜样不要与孩子差距过大

父母用正常的语气叙述别人努力的程度与过程，不要直接比较结果

父母降低目标难度或为孩子留有足够的时间，才能让孩子认可自己的努力

正向比较的方法

● **比较榜样的努力程度与过程。** 真正值得孩子学习的是榜样的成长经历、思维方式、努力过程，而不是他们已经取得的成就或结果。因此，父母即便要作比较，也不应直接比较结果的优劣，而应比较孩子的努力程度及过程。父母用正常的口吻详细叙述别人做了什么、是怎么做的，这样才能在不打击孩子自尊心的前提下，引导孩子借鉴好的经验。

● **选择的榜样不要与孩子差距过大。** 孩子会以自己喜欢的角色人物为榜样，但父母总是以榜样来衬托孩子的不足，孩子就有可能不再喜欢这样的榜样。因此，父母不要总是拿榜样压人。榜样必须是跳一跳就可以触及的目标，而不是高不可攀的。如果孩子之间的差距不算大，可以促使他们公平竞争，努力向对方看齐。

● **为孩子留有足够的超越时间。** 父母不可以说："如果你跟他一样努力，明天就可以超越他。"因为明天很快就来了，结果可能是希望破灭。父母可以指出孩子具体的不足之处，找到一个合理的解释和提升途径，让孩子一步一个台阶地努力前行，永远给孩子留个希望。在孩子即将失去信心的时候，父母要主动降低难度，或者延长时间，让孩子相信过去的努力虽然没有带来预期的结果，但还是非常值得的，只是自己还需要更多的努力。

◎ 与其跟别人作比较，不如父母自己做榜样

父母总想让孩子去模仿比较对象的好行为，但孩子的内心想法却是："既然他是我的竞争对手，我为什么要喜欢他？我更不会模仿他的行为！"那怎么给孩子找到优秀的榜样和参照标准？父母不要忘了孩子最喜欢模仿的对象是自己的父母，其次是喜欢自己的老师，再次是兴趣相投的人，而非优胜者。

真正让孩子终身受益的榜样是父母，是父母的过去、现在和未来。父母可以多问问自己："以前，我们是怎么样的？现在，孩子是怎么样的？这之间有没有因果关系，应该是谁先做出改变？未来要求孩子的，自己能否先做到？自己曾经或现在都做不到的，能不能别要求孩子？或者，至少与孩子约好一起努力！"

除了自己做榜样，父母还要有一个明智的做法，就是和孩子的过去比，这样能够发现孩子每一个小小的进步，不仅能提升孩子的自信，还能让他获得成长的动力。

> 父母给孩子的每一句表扬，每一个鼓励的眼神，每一次宽慰的抚摸，都是一束光，能照亮孩子进步的阶梯，让孩子在未来的人生荆棘丛中，不会感到前途太远、遥不可及。

了解入园焦虑，
提前树立孩子的信心

现在很多父母没有老人帮忙带孩子，自己工作又很忙，或者想让孩子早点适应集体生活，于是让孩子早早进入托班，有的甚至在孩子刚会走路时就把他送去了托育机构。

上幼儿园是孩子从家庭走向社会的第一步，能不能接纳陌生的人和事物，能不能适应集体生活，能不能顺利度过入园后的前几周，是父母非常关心的问题。孩子入园焦虑的本质是什么？为什么孩子会有这样的心理？这会不会影响孩子以后的性格？只有提前了解这些问题，父母应对孩子的负面感受时，就不会和孩子一样手足无措了。

◎ 分离焦虑随着大脑发育逐步发展

0~7个月 — 绝大部分孩子是不会有分离焦虑的，谁来照顾他都可以，能够猜出他的需求、给他带来满足感的就是好的照料者。

8~12个月 — 孩子正在房间里玩，看见妈妈起身想走，就可能变得警觉、害怕。看着妈妈身影消失，孩子可能立刻大哭起来。孩子开始害怕陌生人，尤其是陌生的男性和不怎么和蔼的人。只要有人靠近，就想躲在妈妈怀里，这在心理学中叫作"陌生人焦虑"，具有防范坏人的功能。

1~2岁 — 大部分孩子都很黏人，如果他喜欢、依恋的人离开一会儿，即使把他留在熟悉的环境中，也会引起分离焦虑或恐惧反应。此时正是语言、社交智能的发育窗口期，父母与其嫌弃孩子黏人，不如多增加亲子互动。

3~4岁 — 大部分孩子到了3岁才具备较好的与他人交流的能力，但他们害怕父母离开自己，也害怕离开熟悉的家人和陌生人待在陌生的地方，这就是"入园焦虑"。这是恐惧反应、陌生人焦虑的一种延伸，通常表现为孩子大哭大闹、情绪暴躁、过度吃手或啃指甲等，乃至出现其他的行为巨变，包括忽然不爱说话、不吃少喝、夜里大哭等。

ⓒ 太早上全天托班，分离焦虑更严重

18个月之前的孩子分离焦虑反应大，恐惧反应也更加严重，危害也更长远，但往往很隐蔽。因为年纪小的孩子在哭闹抗议无效之后会故作淡然，表现得非常独立。然而，此时孩子的内心深处却潜藏着无助、焦虑或恐惧，这会潜在影响他们的身心健康、智力发育、语言社交、脾气性格等。

> 18个月之前，父母应该尽量避免让孩子上全天托班，除非孩子发育超前、语言表达能力优秀，并且愿意或不害怕与陌生的老师或同龄人交流。

孩子2岁以后入托是普遍现象，建议以半天托班为佳。孩子一开始会哭闹，后来大多能逐渐适应陌生的人和环境，此时恐惧反应不会有严重的、长期的影响。但如果入托两三个月了，孩子还不能适应集体生活，那就可能出现行为问题，或形成性格方面的长期缺陷，以黏人型、回避型依恋关系居多。父母可以坚持一个月看看，如果孩子的恐惧反应没有减弱的趋势，而情绪、行为或健康问题越来越多，那就该考虑停学或请长假，及时止损，回家修复安全感。

孩子刚开始入园会有严重的分离焦虑或恐惧反应,在校门口大哭大闹,妈妈可以蹲下来轻声安慰,告诉孩子几个小时后又可以见面,然后迅速把孩子交给老师照看,果断离开现场。

如果父母确实上班很辛苦,孩子不得不提早上托班,且孩子很早就离开了父母,也适应了集体生活,那就没有必要后悔,而要放眼未来,在以后生活中给孩子更多的家庭温暖。

孩子在3岁后入园是较为合适的。入园后，部分孩子开始怕黑、怕生，出现饮食、睡眠、情绪问题，乃至免疫功能下降，甚至出现感冒、发热、咳嗽、呕吐等症状。还会出现一些常见的行为问题，包括打人、推人，但如果没有生病和异常表现，父母通常应该让孩子继续坚持上幼儿园。

还有一些入园不适应的行为表现是隐形的，比如孩子早上不愿起床，或起床后去做各种琐事，甚至是看绘本、找父母讲故事、磨磨蹭蹭不吃饭、不让父母去上班……这些通常是高情商孩子入园焦虑的外在表现，是孩子在学会伪装后做出来的行为。父母有时会误以为孩子是拖延时间不想上学，然后批评或催促孩子，但如果认识到孩子是害怕分离，就应该捅破这层窗户纸，直接挑明孩子的小心思，比如说"你害怕离开妈妈""你担心妈妈丢了"……然后给予孩子明确的保证、安抚、解释，但时间到了就要停止说教，果断行动，坚决带孩子出门。

当然，父母也不一定能够适应分离，也会出现恐惧和焦虑。有的家长还会流泪、情绪低落，与孩子分开后坐立不安，常想象一些可怕的安全问题，这都是正常现象。不过，父母要注意，孩子如果经常看到父母焦虑、恐惧，他们也可能会陷入焦虑、恐惧的情绪之中。

ⓒ 如何缓解分离焦虑

父母应该给孩子做好心理建设，通过预演分离场景、模拟幼儿园生活、拥抱安抚等方法，缓解孩子因为入园产生的分离焦虑。

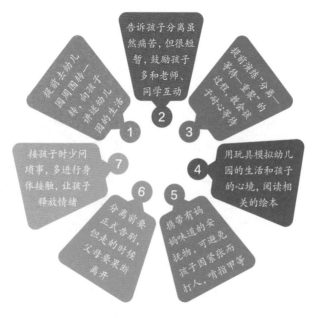

缓解孩子分离焦虑的方法

● 提前去幼儿园周围转一转。开学前，父母可以带着孩子去幼儿园周围转一转，看看滑梯、小花园、沙坑……花些时间让孩子弄明白去幼儿园做些什么，和其他小朋友会有怎样的互动。入园后，多给孩子看看老师、同学的照片，还有每天的活动视频，也可以缓解孩子的陌生人焦虑。

● 不要过度渲染幼儿园的美好。孩子入园后如果有分离焦虑，父母就要如实告诉孩子分离虽然痛苦，但比较短暂；重聚是必然的，但需要等待。还可以把自己对孩子的思念告诉孩子："你上幼儿园的时候，我也觉得难受，我也会想你，但我们可以在太阳落山时再见。"然后鼓励孩子在幼儿园多和老师、同学互动，回家时把幼儿园里的趣事分享给爸爸妈妈。

● 提前在家演练"分离—等待—重聚"的过程。这需要父母和孩子共同参与。父母找一个相对固定的时间，正式和孩子告别，安抚几分钟后果断离开，让孩子深切体验分离的痛苦。经过较短的时间，父母按时回来，让孩子逐渐掌握分离与重聚的规律，形成稳定的预期和亲子信任。时间久了，孩子就会安心等待重聚，而不会在分离期间感到恐惧或大哭大闹。

● 用玩具模拟幼儿园的生活。父母可以借助一些玩具，模拟演练孩子出门上幼儿园的过程，以及在幼儿园里是怎么学习、生活的。还可以插入一些自编的小故事，用孩子的语言来讲述入园焦虑，让孩子替玩具想想独自留在陌生的环境里会不会有未知的恐惧，以及应该怎么办。除了玩具，父母还可以给孩子阅读一些幼儿园主题的绘本。

●可以让孩子携带安抚物。带有妈妈味道的柔软物品,比如手帕、衣物或毛绒玩具,可以很好地安抚孩子的分离焦虑。学过心理学的老师会同意孩子携带安抚物,这样一定程度上可以避免他出现打人、推人的动作,降低啃指甲、拽头发的频率。在活动时,安抚物可以绑在孩子的胳膊上,或者在入园时让老师收起来放在柜子里,在需要的时候拿出来。注意尽量不要用孩子们都喜欢的玩具作为安抚物,以免引起其他小朋友争抢。

●分离时一定要正式告别。部分父母为了让自己好受一些,会在孩子上学之前偷偷溜走,这样就不会看着孩子哭,自己也想哭。但孩子发现父母不在时会更没有安全感,变得更加黏人,哭得更厉害。因此,建议父母正式告别,但该走的时候一定要果断离开,不能频繁回头。父母最好提前告诉孩子谁去接他,一旦做出承诺,就尽量早去幼儿园门口等待放学,不要迟到。

●接孩子时给他一个大大的拥抱。父母接孩子放学时不用带零食、买玩具,少问吃喝拉撒的琐事,别问上学开不开心,多进行身体接触,比如多摸摸小脸、多拥抱一会儿,让重聚变成分离之后的喜悦。如果遇到孩子情绪激动的情况,不要急着离开,要原地蹲下来安抚,猜测孩子的真实心态,比如:"周围都是才认识的小朋友，你是不是有点害怕？""中午睡觉，妈妈不在身边，你想不想哭鼻子？"把话说到孩子的心坎儿上，诱发他释放情绪，等孩子恢复稳定后再回家。

韩博士育儿心得

美国哥伦比亚大学神经科学家迈伦·霍弗认为，过早遭受分离压力会阻碍孩子的自然发育，而独立意识是通过满足孩子的依恋需求而自然形成的。孩子接受父母的离开，独立走进陌生的世界，这是一种了不起的心理成长，但前提条件是孩子信任到位、认知到位，能够理解重聚的必然性、规律性。

在入园之前，父母应该充分陪伴孩子，帮助孩子建立起良好的自信心和安全感，以支撑他们离开家、离开父母，迈出独立的一大步。即便孩子仍会感到某种程度的分离焦虑与恐惧，但父母的温暖关爱足以支撑他走向人生的新阶段。

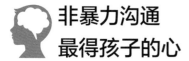

非暴力沟通
最得孩子的心

你有没有对孩子吼叫过？有没有骂过孩子？调查表明，只有8%的父母不曾对孩子使用过语言暴力，绝大部分父母都对孩子使用过语言暴力，而且有可能在语言暴力失去威慑力之后，通过体罚解决问题，表达自己的愤怒和怨气。

父母如果不能直面孩子的感受，响应孩子的需求，就无法获得内心的平静，也无法掌握非暴力沟通的技巧。

◎ 家庭中的语言暴力会恶性循环

语言暴力不仅是指谩骂、侮辱、贬低，还包括威胁、恐吓、讽刺、情感勒索等。当然，很多父母是被气得失去了理智，于是刺耳的话才脱口而出。如果只是偶尔控制不住自己，并没有形成暴力性语言沟通的模式，就不用担心会给孩子造成心灵创伤。

然而，语言暴力毕竟不是正向、好的沟通方式，通常都很伤人，不但解决不了问题，还会破坏亲子关系，为孩子日后的说话方式树立了"坏"榜样。有些孩子才三五岁就开始言语刻薄，话语带有挑衅意味，这通常是跟父母或其他亲人学的，连语气都可能一样。

生活在语言暴力之下的孩子，长大成人后不仅会变成语言暴力的伴侣，也会变成语言暴力的父母，而且容易出现性格缺陷，比如优柔寡断、执拗逆反、自卑懦弱、暴躁易怒等。为了避免这些问题，专家提倡父母采用非暴力沟通的方式与孩子交流。

非暴力沟通的前提是共情和耐心

非暴力沟通是由美国心理学家马歇尔·卢森堡提出的，该沟通模式旨在满足彼此健康成长的心理需求，以非暴力的方式解决矛盾，从而使人们情意相通、和谐相处。在父母与孩子相处的过程中，非暴力沟通不仅对孩子的身心健康有好处，还有助于缓解父母的育儿焦虑。非暴力沟通的应用范围包括大部分日常行为及问题，父母可以经过沟通提升孩子的认知能力。但孩子关键时刻的恶劣行为是不需要沟通的，家长可以直接给予制止、惩罚。如果父母可以保证惩罚是合理的、适度的，则不需要过多的解释。

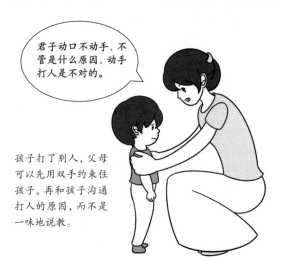

君子动口不动手，不管是什么原因，动手打人是不对的。

孩子打了别人，父母可以先用双手约束住孩子，再和孩子沟通打人的原因，而不是一味地说教。

很多孩子会把玩具扔得到处都是，父母见状后吼道："说多少遍了！再不收拾好，我就把你的玩具全都扔掉！"这就是典型的蕴含恐吓威胁的暴力性语言沟通，实际上很难执行。

父母要知道，非暴力沟通的前提是共情和耐心，要多鼓励孩子表达自己的想法。优秀的父母不会经常让孩子感到恐惧，也不会经常让孩子听到尖刻的指责、怨愤与谩骂。父母在与孩子沟通之前，不妨先做几次深呼吸，平复情绪，消除冲动，避免不经大脑的语言伤害孩子的心灵。

◎ 试试转变谈话和倾听的方式

非暴力沟通其实就是一种谈话和倾听的方式。不在应激反射状态下回应别人，而是认真地体会别人和自己的感受，有意识地使用平和的语言，既倾听他人，又表达自己。非暴力沟通是一种意识，不断提醒着人们：注意语言的力量，不要出口伤人。

"良言一句三冬暖"，一句同情和理解的话能给人很大的安慰，使人增添勇气。非暴力沟通就是用充满爱和温暖的语言，专注于彼此的感受、需要和请求，同时鼓励倾听，使彼此信任，合理解决分歧。对父母来说，这不但可以调整自己的心态，改进育儿方式，改善亲子关系，还可以协调孩子在各方面存在的问题和冲突。非暴力沟通的方法尤其适合用在亲子沟通中。

如何转变谈话和倾听的方式，父母不妨跟着以下四个步骤感受一下。

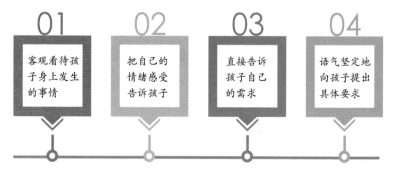

非暴力沟通的步骤

● 在情境中细心观察。父母要客观看待孩子身上发生的各种事情，不要说"总是""一直""从来"这样的字眼。有了逻辑思维的孩子能轻而易举地说出一次例外证明父母说错了，那父母除了尴尬地"下不了台"，还很有可能会失去权威。

● 在反思中直接表达感受。父母在反思事件或问题的过程中，向孩子坦率表达自己的情绪，勇敢说出自己的感受，比如"你跑步的时候如果直冲冲的，不看四周，我们很担心你会被车子撞到""你因为想要别人的玩具就伸手去抢，这让爸爸妈妈感到很难堪"……家长焦虑、急躁、愤怒、害怕的情绪都可以用语言表达出来。这样一来，孩子也就更加明确什么样的行为会导致父母出现什么样的感受与反应，并把父母作为一面镜子，认识自己的情绪和行为。

● 在沟通中说出需求。情绪激动时，有的父母倾向于间接表达自己的心理需求，容易说"反话""狠话"，想当然地假定对方应该早就明白自己的想法和需求。然而，孩子很少会"读心术"。就算是成人，也不一定善于猜测对方的心思；就算是自己，也不一定知道自己内心的需求，这时候就需要打开天窗说亮话，直接说出需求。

● 在平静后提出要求。非暴力沟通的前半部分应该是确认事实，父母只说一些让孩子不得不点头、低头承认的事实，先不涉及争议性内容，这样可以让孩子平静下来。后半部分父母再加入自己的感受、需求，最终提出简单明确的要求，语气坚定，内容具体，向孩子表明他可以和不可以做什么、说什么。对于孩子玩得太晚不想回家，父母与其说："都那么晚了，你还想玩儿？那就一直玩儿，永远不要回家了！"不如换成另一种简单而果断的表达："时间不早了，我要带你回家洗漱、睡觉，今天的玩乐到此结束。"

非暴力沟通的目的是父母通过示范，教会孩子陈述事实，表达自己的感受、需求，而不是刻意维护父母的权威，迫使孩子无条件地满足父母的要求。父母应该相信，孩子的本意并不恶劣，很多问题可以通过语言交流、理性反思来解决。好的交流方式让父母和孩子正确表达情感，有利于促成相互理解和情感交流，实现亲子和睦共处。

用讲故事帮孩子
克服想象性恐惧

父母都希望自己的孩子勇敢，可以从容不迫地与人交往、面对新事物。但大部分孩子总会有一段时间比较害怕陌生的人、陌生的事，还有一部分孩子会害怕"虚拟"的东西，比如总是想象自己床底下或窗户外有怪兽、黑影等。以上情况中，有些属于明显的假装或托词，孩子只是为了避免接触某些人或事物，有些则是孩子真的害怕想象的东西。那么父母该怎么做，才能更好地引导孩子克服恐惧心理呢？

Ⓒ 理解大脑的恐惧基因

对陌生人的恐惧是刻在一个人的基因中的，是1岁前就会出现的一种本能反应，心理学家把它叫作"陌生人焦虑"，包括在陌生环境中对人和事物的焦虑与恐惧。如果孩子不害怕陌生人，不害怕火焰、悬崖等危险的事物，没有恐惧意识，并不一定是件好事。

随着大脑的发育，大部分孩子在2岁左右开始害怕想象中的东西，会以为脑海中的怪物就是真实的威胁，甚至只在语言中存在的东西也是可怕的。孩子还会害怕黑暗、分离或独处，比如妈妈半夜想上厕所，孩子听到动静醒了，就坚决要陪着妈妈去，那是因为孩子一个人处在黑暗的房间里，觉得什么都有可能出现。

想象性的恐惧在孩子4岁左右达到高峰，之后会随着认知能力变强，害怕的感觉逐渐减少。这个时候，大部分孩子可以在熟悉的环境中克服对黑暗的恐惧，因此是父母和孩子分房睡的窗口期。

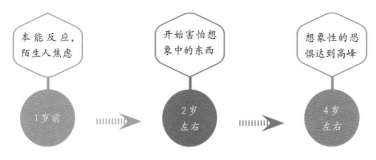

不同年龄段儿童的恐惧反应及表现

为了帮助孩子克服恐惧心理，父母要做的就是反思自己的教养方式，尽早弥补孩子心中缺失的安全感。有的孩子到了公园、广场等安全场所，即便非常好奇，渴望和别的小朋友玩，却仍然黏在父母身边。这是因为孩子还没有形成最基本的安全感，或天性敏感、害羞。但也有部分孩子是因为被保护得太久，缺失了应有的分离、冒险体验，以及适度体验恐惧的能力。

当孩子因为害怕而向父母求助时，父母要第一时间给予安慰和保护，不能直接否定孩子的恐惧，说"没有怪物，不用害怕""这有什么好怕的"。也不要嘲笑、批评孩子胆小，因为贴标签的做法可能会加重孩子的恐惧感与自卑感。有的父母会故意怂恿、劝说孩子去接触他感觉危险的人和物，这不是好方法，因为有可能让孩子认为父母没有同理心。

父母欺骗孩子，或者强迫孩子去接触危险源可能会让孩子更退缩，以至于以后不再相信父母的鼓励是真心的，反而觉得鼓励也是一种暗示性的嫌弃。

◎ 讲故事是缓解恐惧心理的良药

恐惧心理的矫正方法有很多,其中一种简便有效的是"渐进脱敏法",就是让孩子在非常安全的环境中远距离观察、近距离靠近、适度接触令他害怕的对象,经过多次尝试,孩子的大脑习惯了危险的东西,恐惧心理逐渐消除。

例如,有的孩子害怕陌生的同龄人,父母就先拉着孩子的手,或者蹲下来搂着他,远距离观察同龄人的活动,边看边给孩子解释他们在玩什么。如果孩子的身体不那么僵硬了,表情也自然了,父母就拉近一些距离,继续跟孩子描绘看到的画面。再经过一段时间,如果孩子有意愿参与游戏,父母可以鼓励孩子先去接触一些动作平缓、不太莽撞的孩子;如果孩子想退出或推迟参与,父母也要尊重孩子的意愿,继续围观。对想象性怪物而言,父母可以抱着、搂着孩子,使孩子在肢体的密切接触中感到安全,然后根据孩子的反应编织出一个充满想象力的故事。

那个怪兽现在回它的星球了。

妈妈根据孩子想象的怪物编织故事,最终以"怪物离开"为结尾,可以减轻孩子的恐惧。

如果孩子不害怕了，父母就再通过缩短距离，增加一点刺激来引起孩子适度的想象性恐惧。

告诉孩子有保护自己的武器，可以打败"怪物"，他是安全的。

如果孩子还是很害怕，那就重新设想一下打跑怪物的场景。

父母给孩子提供保护和解决途径，帮他战胜恐惧。

父母给孩子讲故事，不仅可以促进亲子关系，还能控制故事的进度和结局，引导孩子想象的方向，让孩子在这个过程中学到解决问题的思路和方法。

而在讲故事的过程中，孩子可以自由联想，自由发挥，设想自己拥有某种超能力，并在父母的陪伴下战胜那些可怕的想象物，但这需要父母的鼓励与引导。其实，绝大部分孩子都是兴趣十足的"幻想家"，他们心中总是装着许多超出常理的想法，比大人更有童趣。通过孩子讲的故事情节，父母可以深入了解孩子的内心世界，包括对父母的依恋与逆反心理，对现实与未来的初步认识。

因此，讲故事能为孩子提供一种想象性的安全情境，让孩子进入情节，代入人物角色，理解恐惧的来源，然后再消除恐惧。这样做的好处是危险的情景不用亲身去经历，在脑海中就可以体验，渐渐地孩子不再害怕，形成习惯化适应。

◎ 可以给孩子看奥特曼之类的特摄片吗

很多父母有一个疑问，能给孩子讲关于怪兽、恶魔之类的故事吗？能让孩子看奥特曼之类的特摄片吗？这样的情节会不会让孩子变得暴力与冲动？事实上，每个人都有战士基因与先天释放机制，受到外界的刺激就会释放攻击本能，不完全是模仿的问题。"奥特曼"是超人的意思，是强者与英难形象的象征。调查发现，95%

的小观众不会因为看了奥特曼而更暴力,他们更倾向于帮助弱者、成为英雄,具有更强烈的成就感和内驱力。父母只需加以合理引导,即可将孩子的英雄情结转变成奋斗意志和抗压能力,让孩子具有一定的反击能力。

孩子只有在适当的年纪适量地接触一些让他们略感恐惧的事情,或者在故事情节中身临其境地体验情感波动,才能真正克服恐惧,或对恐惧释然。当然,问题在于如何把握这个"度",比如故事的前半段可以是令人紧张的,但结局必须是皆大欢喜的,父母要让情感冲击成为可控的过程,才能最终让孩子体验到战胜恐惧的力量感。

韩博士育儿心得

构建良好的亲子关系是孩子克服恐惧的最终保障。讲故事是一个不吃力还"讨好"的方式,能够拉近父母和孩子的心理距离,它不需要多高超的技巧,只需要父母用心"编织"内容,根据孩子的情绪波动适当调整情节。父母记住不要把孩子吓到,不要等到孩子崩溃了再去安抚,而要在孩子被恐惧压垮之前,比如拼命往父母怀里躲的时候,及时转折,缓和情绪,为故事加上令人欣喜的结局。

父母在讲故事的过程中,紧紧地抱着孩子,会增加亲子之间的信任感和共同"战斗"的情谊。当然,睡觉前一定要记得只讲温馨的故事,不讲恐怖故事。

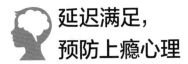

延迟满足，
预防上瘾心理

斯坦福大学的心理学专家曾经对4岁儿童进行过一项实验：让孩子先选择一种最喜欢的、最难割舍的小零食，然后告诉孩子，如果马上吃掉，只能吃一份；如果能等15分钟再吃，就会多收到一份零食作为奖励。

对孩子来说，等待的过程十分难熬。大多数孩子坚持不到几分钟就放弃等待，拿走一份零食以满足自己的即刻需求。只有大约1/3的孩子等了15分钟，延迟了自己对零食的即刻欲望。

这就是著名的"延迟满足"实验。后续研究发现，当年可以抵得住诱惑的孩子，在青少年时期更有自制力、自律性，行为问题更少，考试成绩更好；在成年后更成功，也更健康。

有人说这个实验被证伪了，但实际上大部分专家都认可实验的基本结论，只是做了一些修改或完善。更完整的实验过程还包括一个非常重要的前序步骤，对父母培养孩子的延迟满足能力非常有启发，那就是研究人员是否跟孩子建立了信任关系。在实验正式开始之前，研究人员先做几次小测试，比如答应孩子马上到另一间屋子给他拿一个玩具，过了几分钟之后真的拿来了。有过此类经验的孩子，实验时等待15分钟的概率提高了。但如果研究人员匆匆忙忙地回来，却说忘记拿玩具了，孩子等待15分钟的概率就会降低。

父母要知道，信任本身会影响孩子的选择。孩子的内心是这样想的：如果你是可信的，我更愿意等你过会儿再满足我，这样显得我自制力更强。如果你是不可信的，我现在就要你满足我，我不愿意控制自己的欲望以满足你的要求，万一过了一会儿你食言了呢？当然，孩子的认知能力是不断成长的，他们的自控能力、延迟满足能力也不是一天就能发展完善的。

父母可以用"代币法"训练孩子延迟满足的能力。孩子表现好时发给他一枚勋章，想买玩具或吃零食时就要拿相应数量的勋章换。

◎ 年龄越小越要即刻满足，年龄越大越能延迟满足

到底哪个年龄段的孩子能等待更长的时间，取决于每个人的先天气质、大脑发育程度、亲子信任状态及其他因素，而不能以前文实验中4岁儿童的15分钟作为绝对不变的参考值。

> 心理学家主张，为了培养孩子的延迟满足能力，父母需要先给孩子足够的满足。或者说，孩子年纪越小，越要即刻满足；年龄较大，才能延迟满足。

因此，我建议父母留心孩子两个标志性的发育里程碑。

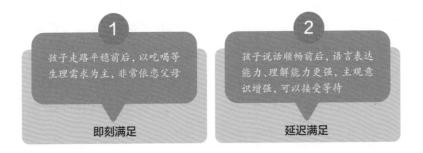

●走路平稳前后，生理需求、依恋需求为主。此时孩子的绝大部分需求与生理、心理相关，比如吃喝玩乐、依恋父母，这是很自然就有的。因此，父母可以即刻满足孩子的这类需求，比如孩

子想吃水果、想喝酸奶，就马上答应给他吃，但总量不要太多；孩子想要父母哄哄，就多抱抱孩子，这样才能建立充分的信任和安全感。不过，有的孩子生理需求可能不高，但对父母或亲人的依恋需求很高，为了孩子的长远发展，父母在力所能及的情况下应该尽量满足孩子的依恋需求。

● 说话顺畅前后，主观性增强，需求更复杂。此时孩子有了更复杂的主观需求，而且他们的表达能力、理解能力也有了足够的发展，可以接受父母的等待要求。比如孩子提出想要吃喝玩乐的需求时，随着孩子年龄增长，可以增加延迟满足的时长，比如几分钟。年龄越大，认知越好，亲子关系越温暖，孩子愿意等待的概率越高，愿意等待的时间越长。

需要注意的是，不能让哭闹成为孩子要挟父母的武器。对原则性问题，父母绝对不能在孩子哭了之后再满足，那样就是在鼓励孩子以后继续用哭的方式来获取满足。在"可怕的两岁"阶段，如果父母在孩子哭闹之后最终还是满足了孩子，那还不如在孩子哭闹之前就满足，这样孩子可能会明白：不哭闹就能得到满足，哭闹就得不到满足。

> 父母要了解孩子生理和心理需求的变化，不能因为孩子哭闹就没有原则地满足，这是培养延迟满足的关键点。

就孩子的日常需求、新鲜需求而言，父母可以"先满足，再限制"。因为一旦孩子相信父母会经常满足自己，当遇到大事情、父母提出延迟满足的条件时，孩子很有可能会习惯性地相信父母，愿意等待。与此同时，父母还可以引导孩子在等待的过程中做些什么、玩些什么、想些什么，让孩子学会通过调节注意力来改变自己的执念，通过努力让自己获得满足。

◎ 减轻孩子压力，有利于戒掉"欲望上瘾"

说到即刻满足，很多父母担心孩子会因此变得欲壑难填、需求无度，也就是"上瘾"。其实，这是有方法应对的，那就是用延迟满足来预防孩子"上瘾"。很多孩子都有一种心理：越是得不到的东西，就越想要。这与孩子的逆反情绪有关，属于无法抑制自己的欲望，不愿意被延迟满足。

严重的上瘾是一种心理疾病，患者会花费大量的时间和精力去做一些对身体有害的事情，通常持续数月。比如，一些青少年打游戏打到不睡觉，吃零食吃到呕吐不止，但最初打游戏、吃零食是会促使大脑分泌多巴胺这种"快乐激素"的，让他们感到十分愉悦。问题在于玩多了、吃多了以后，已经不能让大脑分泌等量的"快乐激素"，孩子心里就会空落落的。如果想要获得原来那么多的快乐，就要玩得更多、吃得更多，这就是上瘾的原理之一。

青少年一般自制力较差，很难延迟等待。如果孩子能接受延迟满足，比如今天打半个小时的游戏得到100个"开心点"，等到明天再打半个小时，可能就会因为等待而感到更开心，或者至少比今天连续打两个小时得到的开心点数更多。但上瘾的孩子就是停不下来，只想即刻满足，多多益善。

为什么有的孩子不愿意接受延迟满足呢？其实，任何一种真正意义上的上瘾行为，无论是网络上瘾、吃糖上瘾，或者对其他事物上瘾，根源都是心理压力导致的"快乐激素"分泌紊乱。只有心理压力才会导致孩子当下就要那么多的快乐，却又好像跌入虚空的陷阱，永远没有满足感。没有心理压力的人，即便玩游戏、吃零食，也很少能达到损害身体健康的程度。因此，要想避免孩子的上瘾行为，父母不仅要管控孩子的具体行为，更要少打骂、多玩乐，让孩子具有主导权、控制权，获得满足感、力量感。

◎ 对待电子产品，父母必须"特级管理"

电子产品是最容易让孩子上瘾的"学习克星"，父母应当做到特级管控，特别是对孩子看手机短视频、玩电子游戏，绝对要控制住。即便孩子大了，也只能让孩子在相对固定的时间、固定的地点去看"不可移动的"电视或屏幕，时间一到或一集动画片播放完，就让孩子"二选一"：我来关，还是你自己关。父母语气坚定，尽快结束，孩子也许会哭，但父母不能因此而动摇。

对于使用电子产品，家长要引导孩子学会延迟满足，如果即刻满足并且不加管控，那么孩子就会逐渐沉迷于这种满足感，最先受害的就是视力，随之而来的是心理问题。

孩子闹着想看动画片的时候，父母可以问问孩子"要不要去广场找其他小朋友玩""我们一起来玩拼图游戏吧""可以陪爸爸妈妈去超市买点东西吗"。同理，可以用其他活动来化解孩子对电子产品的需求。

如果一个人能够找到别的新鲜事儿，从新鲜事物上收获满足感，那就更容易放弃固有的满足途径，不会把欲望固定在同一种东西上，上瘾的概率也较低。

对于孩子不同行为的管控，父母要学会分类管理，可参考下表。

儿童不同上瘾行为的分类及管控方法

管控级别	行为举例	应对方法
特级管控	玩手机、看动画片上瘾	孩子2岁前杜绝接触电子产品，2岁后开始适量满足，制定严格的约束条件，比如一天可以看几次电视，每次10~20分钟
高级管控	吃零食上瘾	父母划定清晰的条件，控制总量，没必要完全杜绝
初级管控	买玩具上瘾	根据家庭条件，父母选择性地买某些合适的玩具，具体做法灵活一些，不必死守规则

对孩子而言，万事万物刚刚经历一小部分，他们本来不应该执着于看动画片，不应该离开电子产品就变得烦躁不安、萎靡不振。问题在于，父母也总是宅在家里，孩子也难以和小伙伴们聚在一起自由探索，大家都被短视频、动画片或电子游戏占据了太多时间。因此，父母只要有空，就多陪着孩子出去玩乐吧。

> 父母的陪伴对孩子来说是最好的精神奖励，而孩子在延迟等待时最喜欢做的事情就是与父母玩乐。如果有时间，父母一定要倾尽全力搭建良好的亲子关系，与孩子积极互动。

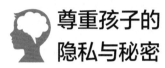

尊重孩子的
隐私与秘密

很多父母认为，孩子那么小，能有什么秘密？孩子的言行举止都暴露在父母的眼皮子底下，难道还有隐私？其实，有些孩子很早就会有独立的隐私意识，不想让父母或别人看到自己在做某些事情。

在成人的社交关系中，比较重要的一个方面就是保持边界感，尊重别人的隐私，保守自己和他人的秘密。父母对待成长过程中的孩子也应该这样，要尊重孩子的隐私和秘密，守护属于孩子的一片天空。

◎ 隐私意识是在亲子互动中形成的

1~2岁的孩子，大部分已经有了初步的自我意识，但还没有明确的隐私意识。这个年龄段孩子的隐私是由父母来保护的，比如换衣服、上厕所的时候避开陌生人。在家里，身体观察和身体接触是免不了的，但家里正是父母培养孩子隐私意识的重要场所，如父母可以跟孩子强调某些身体部位"只有我们可以看，别人不能看"。

女孩子的家长会灌输更多的害羞意识，这种差异化的亲子互动会强化女孩子的性别意识和疑问，比如她们会问"爸爸为什么不给我洗澡""爸爸为什么不能带我去上厕所"。这些疑问本身就是女孩子的性别意识、隐私意识的起源之一。当然，如果家里人手不够，异性父母可以给这个年龄段的孩子洗澡，带孩子上厕所。因为很多禁忌对年纪不到的孩子来说就像是不存在的，更不会让他们有切身的想法，不说反倒没什么。

背心、短裤遮盖的地方，其他人不可以看，更不能碰哦。

家长可以进行"情景式教育"，在洗澡、换衣服的时候，告诉孩子关于身体隐私部位的知识，帮助孩子培养正确的隐私意识。

大龄儿童对异性父母不仅多了一些好奇心，更多了一些性意识。对此，妈妈们大多是早有体会，比如很小的男宝宝一边摸着乳房一边吸吮，是没有什么异样感觉的，但大一点的男孩在触摸妈妈的时候会有"小情人"的心思，而且他还可能非要亲妈妈的脖子。这是性启蒙与隐私教育的窗口期，妈妈虽然会感到害羞，但应该让孩子适度观察和接触，不必害怕、愤怒，或者严厉批评与指责孩子，以免让孩子有罪恶感，或者对其他异性（包括同龄女孩）产生窥视欲望。

> " 男孩子或多或少会有恋母情结，如果一直对母亲没有性意识，则有可能是性腺发育迟缓，或者雄激素分泌不足。 "

女孩子的身体、大脑，包括性腺及相关意识的发育相对较早。她们可能也想看爸爸的身体，但因为受到的性别教育很多，所以很早就会为自己的想法感到羞耻，甚至害怕，然后开始隐藏想法，学会遮蔽身体。但父母不应过度强调女孩子的羞耻心，这种驯化行为，可能会导致女孩子出现心理焦虑。

孩子什么时候才会有真正的隐私意识呢？前文提过捉迷藏游戏时有一个现象，就是父母问孩子"藏好了吗"，较小的孩子会回答"藏好啦"。孩子只有足够大了，不再藏着头露着身体却以为别人看不见，并且学会了"呼名不应"时，才算真正明白了自己的身体是不能暴露的，同时开始有自己的隐私或秘密。

孩子开始出现隐私意识的时间因人而异，但捉迷藏时的反应是一个关键标志。在孩子懂得隐藏自己之后，父母需要更加注意自己的言行，要尊重孩子的隐私需求，尤其是心理隐私。涉及孩子的一些谈资要经过孩子的允许才能向外人透露，尤其不要随意宣传孩子的糗事。孩子虽然年纪小，但自尊心一点儿也不小。

◎ 孩子独处可以促进隐私意识的发展

很多父母见过这样的情景：小孩子突然在换尿不湿的空档探索了自己的隐私部位。这时候有些父母会大惊失色，赶忙把孩子的手拽开，脸上露出疑惑的表情，嘴里说着"哎呀，羞羞"，或者惊讶地大喊"不许摸"。探索隐私部位在孩子身上非常普遍，是性腺发育、性心理发育的过渡性现象。在孩子露出隐私部位的时候，父母不要批评或责骂，也不要表现得惊慌失措，只需要提供遮掩、适当提醒就可以了。

条件允许的话，4岁左右的孩子最好能有自己的房间。独处可以促进孩子隐私意识、自我意识以及反思意识的发展。而在练习分离的阶段，父母与孩子可以先在一张床上分时段入睡，如孩子先睡父母再睡，然后分床睡，最后分房睡。部分孩子具有较强的自我意识、长大意识，会主动要求像大人一样拥有自己的床或房间。

分开睡之后，父母进入孩子的房间要事先敲门，看见他们有自我安抚或自慰动作要假装没看见，尽快退出去。很多父母咨询过我关于"夹腿综合征"的问题，但都被我说服了，这不是"病症"，而是孩子的常见现象，父母不必太过焦虑。

孩子无辜而纯洁，竟然在小小年纪就有了性欲，父母可能接受不了这样的落差。这是考验父母是否尊重孩子的隐私，是否相信人性与心理学的艰难时刻。弗洛伊德已经揭开幼儿性欲的隐秘面纱，其教育原则是：只允许孩子在独自一人时进行自慰，而不要严厉责罚、侮辱性批评，否则孩子会有自卑、压抑的风险，而被压抑的性欲会成为心理扭曲的根源之一。

大龄儿童会对自己的某些行为和迫切需求感到困惑、苦恼、自责，有时也想跟父母坦白或分享，但不知道如何开口。如果父母在忙碌之中忽视了孩子的求助信号，或者过度评价孩子的行为，孩子就可能将许多想法和问题藏在心里，逐渐关上亲子交流的大门。但更多的情况是，父母的刺探行为、揭秘行为导致孩子的不信任，不愿意与父母过多交流，而在私底下进行更多、更严重的自我安抚或自慰行为。

ⓒ 别用监控入侵孩子的心理空间

父母很重视保护孩子的身体隐私，但容易做错的一件事就是监视孩子的行为，入侵孩子的心理空间。

监控是为了安全，所以用到它最基本的功能——获得孩子的位置信息或其他基本的安全信息就行了。父母千万不要时刻追踪孩子，过度察看孩子的行为，尤其不能用监控画面来证明孩子撒谎或骗人。因为孩子并不知道父母能时刻看到自己，所以会以为自己做的事情父母是不知道的。但如果有一天，孩子知道了父母用摄像头监控自己，那就会让孩子感到困惑与愤怒，怀疑自己的人格，仿佛是自己做了什么恶劣的事情才需要父母时刻都盯着。孩子甚至会感到特别恐惧，还有可能抗拒或不信任父母，乃至学会更深的隐藏与回避，比如更爱冒险，更会钻空子，偷偷做一些父母禁止的事情，更容易陷入危险的境地，并且很少向家人求助。

过度监控是在压缩孩子的隐私空间，会使性格较软的孩子变得顺从或阳奉阴违，会让性格强势的孩子越来越逆反，甚至想摆脱父母。时间久了，亲子关系就像手中的细沙，握得越紧，流失得越快。

家长要允许孩子有自己的"小天地"，比如他会明确要求父母不许看自己的日记，此时父母最恰当的处理方法就是"避嫌"。

我在写日记！

很多父母不相信孩子的能力，对自己的影响力、教育方式也缺乏信心，因而管束、控制孩子较多，导致孩子自律、独立能力不强。这是一个恶性循环。父母应该学会信任孩子，只需严控个别事情，给孩子大量的试错机会，这样才能让孩子更优秀。

聪明的父母懂得既不让孩子过度占据自己的生活，也不过度侵入孩子的独立空间。明确边界，尊重孩子的隐私，是父母的一种大智慧。

勾手指、击掌都可以是承诺的一种仪式。家长的承诺是给孩子的"定心丸"，会让孩子反过来更加信任父母，敞开心扉，无话不谈。

妈妈心理健康，
孩子才不容易抑郁

美国著名心理学家塞利格曼认为，儿童抑郁症是习得性无助的一种形式，也就是在外界环境、外界事物无法被自我控制的时候，孩子觉得自己是无能为力的，并由此形成了一种不做任何努力的惯性思维。

有时候，我会问一些父母，觉得自己家的孩子离抑郁症远吗？很多父母都会立刻回答："孩子那么小，怎么可能抑郁呢？"

是的，年纪越小，抑郁症的检出率越低。在青少年时期，每10个孩子里就有将近3个患有抑郁症。抑郁症离每个家庭如此之近，这对育儿来说是个非常严峻的挑战。

中国科学院心理研究所发布的《中国国民心理健康发展报告（2019~2020）》显示，我国青少年的抑郁症检出率为24.6%，其中轻度抑郁为17.2%，重度抑郁为7.4%。

◎ 妈妈产后抑郁，可能牵连出儿童抑郁

说到儿童抑郁，就不得不提到产后抑郁，因为它是儿童抑郁的根源之一。

专家发现，很多新手妈妈都觉得自己曾经出现过抑郁的情况，也就是在生完孩子之后的几天内经常想哭，觉得悲伤、焦虑，出现失眠或嗜睡，厌食或贪食，情绪易激惹或低落，忽然觉得生活没有意义或目标……其中大部分新手妈妈在十几天的时间内，未经干预就自然而然地恢复正常了。

这种现象如此普遍，以至于很多学者认为，不可能是这么多人都得了抑郁症，而是很多人在面对怀孕、生孩子、离职、待业、身体疼痛或变形等重大事件时，多多少少会出现一些焦虑、抑郁或其他创伤应激反应。因此，国外学者通常不轻易为新手妈妈冠上"产后抑郁（postpartum depression）"的标签，而把她们的坏心情叫作"baby blues"，部分专家把这个名词译为"产后抑郁"，但我倾向于把它改译为"宝妈忧郁"。只有"宝妈忧郁"持续2~6个月才需要考虑是否为产后抑郁的问题。

真正的产后抑郁症不是女性一个人的事，而与婆媳关系、夫妻关系、原生家庭直接相关，是由社交空缺、育儿焦虑、经济压力、工作压力等因素共同导致的。它不仅危害女性的身心健康，还让妈妈对孩子的需求、情绪、行为不敏感，甚至失去了解孩子行为的同理心，从而消极应对。

妈妈产后抑郁持续的时间越久，对孩子的危害越大，有可能导致孩子反应迟钝、没什么笑容、不想吃东西……这类孩子表面上看与难养型的正常孩子一样，但随着时间的推移，他们有可能出现更多的大脑发育和心理问题，包括抑郁症。

妈妈的产后抑郁持续数年，还可能导致孩子发育变慢、智商下降，尤其是语言智能、社交智能发育不足，比如口齿不清、词汇贫乏，不理解手势、表情的含义，或者不会用肢体语言来传递微妙的社交信息。

知道了产后抑郁及其危害，再来看儿童抑郁，父母就很容易理解了。因为孩子与成人的心境障碍（即情感性精神障碍）在本质上是一致的，只是年龄越小，抑郁越有可能表现为行为或情绪问题。比如抑郁的儿童更有可能经常沮丧，爱发脾气，情绪暴躁，对社交活动没兴趣，不会表达情感，吃不香也睡不好。

◎ 诱发抑郁的因素就藏在育儿方式中

引起抑郁症的原因之一是基因遗传，也就是说，如果孩子父母一方或双方得过抑郁症，那么孩子得抑郁症的概率就会比普通家庭的孩子高。除了基因，学习和生活的压力、家庭矛盾、亲子冲突、社交缺失等都会引起或加重内分泌失调、大脑神经递质紊乱，尤其是大脑"快乐激素"分泌减少，进而导致抑郁症或类似问题。

动物实验表明，2~6 个月大的恒河猴如果毫不费力就可以得到足够数量的水和食物，那么它就会因为失去自我表现的机会而变得焦虑和抑郁。如果让它自己动手操作，按下传送装置的手柄才能获得足够的食物，那么它的心理问题就会减少。

" 父母过度保护、过度控制不利于孩子各项能力的养成，在个别情况下还可能导致或加重孩子的抑郁状态。"

另外，研究还发现，以下几种家庭情况和育儿方式都可能诱发孩子患上抑郁症。

- 早期应激创伤。儿童早期经历的应激创伤，比如受到了身体虐待、被父母长期忽视等，会让儿童更容易患上抑郁症。

- 留守家庭缺乏陪伴。在一些留守家庭中，孩子过早地与父母分离，缺少关爱和陪伴，患抑郁症的概率比较高。

- 父母离异与家庭暴力。父母离婚也是儿童抑郁症的起因之一，而家庭看似完整实际上貌合神离时，孩子也会因为父母的争吵或冷战而感到悲伤、恐惧，从而容易患上抑郁症。

- 学业压力巨大。学业压力是青少年抑郁的重要原因之一，尤其是经常处在"作业大战"中的孩子，他们会因为学习成绩满足不了父母的高期望、配不上父母的高投资而倍感焦虑。当基因天赋较差，而个人努力于事无补时，孩子更有可能陷入抑郁。

- 同伴关系紧张。对大孩子来说，同伴关系、人际关系越差，抑郁的可能性越大，因为他们想要获得同伴的支持与赞同，但又很容易感到被否定和拒绝，越敏感就越焦虑。

虽然这些因素让父母感到沉重，但知道了"雷区"才能避免踩雷。父母不妨把这些"雷区"都记下来，理解孩子的心理压力，尽量让孩子处在安全地带。

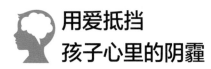

用爱抵挡
孩子心里的阴霾

现代社会给成人的压力是无处不在的，孩子也不例外，因此才会有各种各样的亚健康问题，包括心理亚健康。心理亚健康是指在环境影响下，由遗传和先天条件所决定的心理特征（如性格等）方面的健康问题，介于心理健康与心理疾病之间。

好的父母能给足孩子安全感，爱与时间是治愈创伤的良药。心理障碍的治疗很困难，但预防却相对容易。父母可以参考以下六个建议。

● 给孩子无微不至的爱。父母要无条件地给孩子充分的照顾和满足，让孩子建立起最基础的安全感和信任感，减少未来患抑郁症的可能。父母不仅要将自己的爱落实在行动中，更要向孩子表达出来，经常说"我们超级爱你""你是爸爸妈妈的小天使"之类"肉麻"的话，这些将成为孩子心灵世界的支柱，帮助孩子抵挡外在世界的暗潮汹涌。

● 减轻孩子的心理压力。儿童的认知能力较弱，但爱玩、爱动、爱闯祸，又很难从经验与说教中获得调节压力的策略。父母要理解孩子的发育水平和特点，要少指责、谩骂，多理解、身体亲密接触，在亲子互动中培养孩子的处事能力。

● 注重对大孩子的挫折教育。孩子在自我中心意识比较强的时候，总觉得一切都应该按照自己的设想进行下去，一遇到挫折、意外、打击，心中难免沮丧。其实，遇到失败、挫折并不可怕，可怕的是持续地、长期地失败，陷入没有希望改变现状的僵局。父母可以让大孩子经历一些小挫折，虽然过程是艰难的，但结局是喜人的，让孩子感觉到通过努力就能克服难题，这样他们就能在更大的挫折面前继续努力。

●鼓励孩子自由发展兴趣爱好。这样做能让孩子在心情低落时，待在喜欢的一方天地中缓解压力，重获能量。父母还可以带孩子去户外运动，因为各种运动不仅能调节肌肉和大脑的兴奋程度，还能充分改善睡眠质量，提高孩子的自主性和完成某件事情的自信心。

比起完美，父母更希望看到的是孩子健康快乐、天天进步，每天快乐地拉着父母的手回家，仿佛有说不完的话。

●积极关注孩子的情绪变化。让孩子把心中的郁闷、不快、焦虑
倾诉出来，再和孩子一起寻找问题的根源和解决方法，这会让
孩子觉得父母很在意自己。有些父母认为孩子抗压能力很强，
但实际情况可能正好相反。父母要放低姿态，切换到和孩子一
样的频道，主动和孩子交谈，关心他们的日常生活，给孩子提
供倾诉的机会，也给自己了解和帮助孩子的机会，多倾听，少
评价。

●努力创造充满爱意的温馨家庭。父母要用心构建孩子的成长
环境，不要因为夫妻之间的矛盾，让孩子陷入"家庭高压锅"中。
父母要在孩子面前尽量展现开心愉快的自己，展现自信、努力、
希望的力量。快乐的、积极的情绪还能使孩子更喜欢接近父母，
从而建立良好的亲子关系。

第**6**章

育儿也育己，
陪孩子终身成长

在成长过程中，孩子的大脑可以说是父母大脑的"镜像"。当父母变得更有智慧、更理性时，孩子也会从中受益。

养育孩子是让父母"再次成长"的好方法。父母不必完美，也不要怕犯错，想要在有限的亲子时光里，完成更多"神奇"的事，就要了解自己和孩子的大脑，再相互整合，这是父母陪伴孩子健康成长的良好开端。

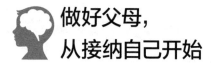

做好父母，
从接纳自己开始

　　为人父母这件事没有前期预习、结业考试，父母往往都是直接"上岗"，然后终身操劳。大部分父母总会犯这样或那样的错误，这些错误或大或小，不必苛求自己成为完美的父母。育儿本来就不是一个专业，不是任何专家凭借知识就可以做好的事情，它涉及很多方面的问题。育儿不需要追求完美，在某种程度上，完美主义反而不利于孩子的成长。父母要用爱与自然的养育方法，才有可能培养出幸福而成功的孩子。

孩子的未来取决于父母的现在乃至过去，甚至会重演父母的人生。这是原生家庭为每个人打上的底色，或明亮或灰暗，会影响夫妻关系和育儿方式。

没有谁的童年"完美无瑕"，即使是吃了很多苦的人也能和自己的孩子建立一种充满关爱、安全感的亲子关系。关键在于父母能与孩子积极互动，坦诚面对自己的成长经历，在由内而外的反思过程中，构建适合孩子的发展式教育理念，并付诸行动。

为了提升孩子的智商、情商、学习成绩等，父母要认识自己、改变自己，改变自己和家人的关系。与此同时，家人也可能会因为父母的改变而改变，从而减少对孩子的负面影响。

> 虽然我们不能改变过去，很难改变他人，但至少能改变自己看待过去的方式和态度，在心理上与过去和解，这有助于孩子未来的成长。

婚姻是一场修行，让自己真正成熟起来；育儿则是一场救赎，让自己真正"成人"。育儿如育己，父母要在育儿中学会认识自己，并且反思过去，开创更好的未来。

父母婚姻幸福，
孩子是最大的受益者

想让孩子健康成长，取得进步，和谐的夫妻关系是非常重要的促进因素，因为家庭整体的"温度"对孩子发挥的作用远远超过金钱、学区房、辅导班等加起来的作用。在夫妻关系良好的基础上，其他资源可以锦上添花；而婚姻不幸，孩子可能是最大的受害者。

◎ 夫妻关系好，孩子的大脑就安稳

根据我对不同父母多年的交流和观察来看，有些夫妻在内心深处是相爱的，但在很具体很琐碎的小事上意见不合，不会合作解决问题，或者不知道怎么沟通，因为地域、文化、习惯的差异吵吵闹闹。有些夫妻在内心深处并不十分相爱，但处事风格合得来，可以合作解决一些问题，因此愿意继续待在一起，把家庭当成事业来经营。

如果从夫妻的相爱指数与合作指数来看，婚姻可以分为四种类型。

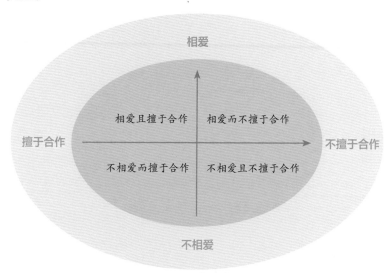

最理想的婚姻状态是"相爱且擅于合作"，但完美的婚姻在现实中可遇不可求，无论夫妻双方的情感状态如何，在育儿这件事上"合作"是主旋律，互相拆台的行为只会让孩子的大脑趋于混乱。

夫妻关系和谐的好处是全方位的，比如可以促进妈妈的饮食、睡眠、育儿兴趣、互动热情，还能令女性的内分泌协调。这样精气神十足的开心妈妈，必然有利于孩子的身心发育，让母子的大脑都被"快乐激素"滋养。甚至有专家发现，孩子爱学习的终极动力是家的温暖、父母的爱。

夫妻关系差、育儿分工出现矛盾会影响孩子的成长，还有可能导致或加重妈妈的产后抑郁、育儿焦虑，甚至会把夫妻之间的怨气转移到孩子身上。夫妻经常吵架、打架会让孩子的大脑里充满压力激素，出现恐惧反应，比如大哭不止或非常黏人，这会直接影响孩子的大脑发育。

父母要谨记，孩子的大脑功能会因夫妻矛盾而弱化，这是一个家庭的重大损失。

> 孩子是上天赐予父母的最好礼物，婚姻幸福是父母送给孩子最好的礼物。在幸福家庭的滋养下，孩子更容易健康成长，快乐学习。

◎ 合作育儿，握住稳稳的幸福

在家庭生活中，夫妻至少应该合作，尽量相互成全，避免相互伤害。抛开理想夫妻不谈，现实中的长久婚姻大多是合作式婚姻。在最初几个月、几年的热情散去以后，很多夫妻都走向了平平淡淡，合作持家。这未尝不是一种稳定的幸福。

就合作育儿来说，父母要达成的一致目标是分工明确、遵守契约。共同照顾孩子，共同创收，共同分担家务，这是双职工家庭的理想模式。但如果条件不允许，只能妈妈来主要照顾孩子的话，爸爸就要主动承担其他家庭事务，为孩子及妻子提供稳定的经济支持。反过来，爸爸主管育儿也是可以的。在育儿过程中，每个家庭都会出现争吵，只是程度和频率有所差异。以下是四类比较常见的、跟育儿相关的夫妻矛盾的诱因。

- 妈妈的睡眠不足。在育儿前几个月甚至几年的时间里，很多妈妈的睡眠、饮食、情绪会紊乱，变得易怒、暴躁，乃至内分泌失调。这时候妈妈可能会有苦难言，整晚失眠。

- 主要照护人缺乏社交或倾诉对象。从怀孕到孩子入托入园，女性或者主管育儿的男性会在很大程度上脱离社会、脱离职场、脱离朋友，被限制在狭窄的空间里，整天围着一两个人转，可能会觉得人生无望、前途渺茫，倍感焦虑与恐惧。

- "丧偶式"育儿，家务分配不公。丈夫回家后什么事也不做，认为自己很累，坐等衣食，需要妻子的照顾，却否认妻子的付出，不理解女性的焦虑和压力；有的丈夫虽愿意带娃，但能力不足，努力不够。

- 缺乏育儿指导。新手爸妈需要大量的育儿知识与技能，但互联网上的信息真真假假，传统的育儿方法又很难奏效，父母们很难找到合适的、正确的、全面的科学育儿知识体系，从而陷入夫妻矛盾与亲子冲突之中。

解决这些问题，需要夫妻双方共同努力，可以制订一个育儿合作"协议"，明确责任和分工，后面"就事论事、依规执行"就比较容易了，也不会伤害夫妻感情。但千万不要经常违约，旧事重提，不然矛盾会升级。

夫妻通常会因为小事情闹腾，而很少因为重大问题争吵。事情越小，双方越不会保持冷静，反而倾向于不用思考就下结论，还可能会过于自信，不听对方说什么；事情很大、很重要时，双方都会用心反复思考，不会轻易否定对方的意见，即便意见不合，也会尊重对方的想法，因为事情重大，而自己也确实没有十足的把握。

如果双方能正确处理小事情，把它看作维护夫妻关系的重中之重，既承认自己的敏感，也理解对方的敏感，那就开启了夫妻关系和谐的大门。通过这扇门，夫妻可以做到接受差异，和而不同，相互支持。

韩博士育儿心得

夫妻矛盾中容易被忽视的一个问题是感知不对称：丈夫看不到妻子的辛苦，也体会不到妻子的劳累、焦虑，只是劝妻子看开些，少做一些、少操心一点。但这种说教式沟通没什么效果，因为没有站在对方的角度考虑。当然，妻子有时候也不能理解丈夫的育儿行为或做法……

这属于心理学中的自我中心主义或不能转换视角。穿自己的鞋子很舒服，穿别人的鞋子很容易磨脚。只有互换鞋子，将心比心，真切感受，才能真正体会鞋子与脚是否匹配，确切体会到对方的痛苦或快乐。夫妻之间将心比心，就能明白对方并无恶意，只是前半生的知识积累与阅历不同，或是原生家庭有不同的地方，经过相互磨合，就能够更好地合作持家、育儿。

单亲家庭的孩子
一样能快乐成长

父母离异对孩子的成长会有一定影响，但家庭中持续紧张和不愉快的气氛比父母离异对孩子的伤害更大。孩子需要的不是父母勉强维持的完整家庭，而是父母全身心的爱与陪伴。

相比遗传因素和经济条件，温馨的童年更能提升一个孩子的社交能力，爱与被爱的感觉和能力更能促进一个人的长期成功。而温馨的童年、爱与被爱是任何家庭，不论贫穷还是富有、不论单亲还是双亲，都可以为孩子提供的无形资产。只是在现实条件下，每个人所要面对的压力和问题不一样，所要付出的努力程度不一样。

◎ 婚姻是一种约定，而非规定

男女因为约定步入婚姻，而不是按照谁的规定步入婚姻。离婚通常不是一件事而是一系列事件最终导致的结果。最近的一次争吵、一次育儿矛盾，或者任何让人痛恨的事情，终于让其中一方下定了决心。或者说，夫妻一方或双方终于成长了，想清楚了"凑合"与离婚的利弊得失，找到了新的希望、新的可能性，也有能力承受离婚的压力和后果，在这种情况下，分开或许对孩子的成长是有利的。

◎ 单亲父母必须更努力治愈孩子

单亲父母需要在离婚前后做一些事情，弥补或抵消离婚这件事对孩子的影响，需要做出更多努力让孩子开心快乐地成长。

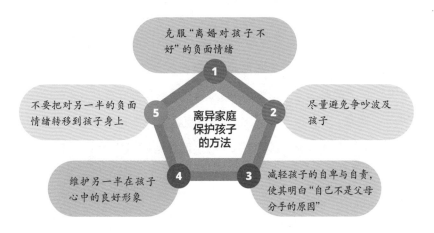

● **克服离婚恐惧症。**离婚对孩子是不好的，很多人都有这种很传统的观念。因此，有离婚念头的父母就会摇摆不定，害怕承担不了离婚带来的后果。但其实怕什么就会来什么，这是心理学中所说的自我实现的负面预言。如果夫妻坚信此时离婚对孩子是好的，那就会往好的方向去想、去做，结果就是好的，或者至少没有增加问题，因此就会出现自我实现的正面预言，而且信念越强大，结果越好。

● **避免离婚过程中的无休止的吵闹。**在离婚的过程中，夫妻吵闹是常有的，而且可能早已波及孩子，比如感情受挫的父母难免会对孩子发脾气。孩子看到妈妈吵架、哭喊、摔东西，或者离家出走，他们就会感到害怕或困惑，怀疑是自己的问题才导致父母闹矛盾，然后压力倍增，或不知所措，或走向极端。父母的言行举止会在孩子的脑海中留下挥之不去的阴影，尤其是在对方身上撂下的狠话，可能会在孩子身上"应验"。

● **合理解释离婚，减轻孩子的自卑与自责。**离婚之前，父母分居、不说话，或者出现其他异常，孩子也会困惑、焦虑、闷闷不乐，这就需要父母及时做出决定，跟孩子合理解释两人目前的关系状态，或者告诉孩子，父母婚姻有问题不是源于孩子。如果父母向孩子保证，以后让孩子继续跟着他"最爱"的人一起生活，大部分孩子不会因为缺了一个"次爱"的人就影响身心健康，除非带着孩子的一方在离婚后过得并不幸福，或者一直停留在过去的恩怨之中，没有开启更好的生活。对大一点的孩子来说，父母编织的离婚故事和理由可能是无效的。如果孩子已经出现异常行为，那父母就更要认真解释，语言要符合孩子的认知和理解能力。父母最好不要欺骗认知能力较高的孩子，否则孩子会以为父母有所隐瞒，更加怀疑是自己导致父母离婚，从而怀有严重的内疚感或罪恶感，出现自卑、自责等负面心理。

● 遵守契约，合理维护另一半的形象。离婚也是一种约定，包括抚养协议。很多父母在离婚后纠缠不清，就是因为不遵守约定，或者试图改变约定。正是此类后续矛盾很大程度上影响了孩子的身心发展。干脆利落地结束是为了给自己一个新的开始，也是给孩子一个新的环境。虽然过去的记忆无法抹去，但孩子以后还是需要父母的正面形象做心理支撑。因此，在离婚之后，为了孩子健康成长，父母可以适当编织一些对方本来不具有的能力和优点。不过，如果觉得为对方"说好话"很困难，那至少不要在孩子面前说对方的恶劣之处，毕竟每个孩子都需要良好的父母形象来促进自我成长。

●**情绪问题才是育儿成败的关键。**孩子能否快乐成长,能否取得人生成功,取决于很多因素,其中情绪因素是关键。离婚的父母要相互约定,不把个人情绪转移到孩子身上,统一口径解答孩子的一些疑问。只有果断取舍,才能开创未来。离婚后,孩子可能会问:"我妈妈(爸爸)呢?"只要大人平静地回答,说出一个孩子可以接受的理由,孩子就会逐渐相信,不会留下心理阴影。而说"他(她)再也不回来了""他(她)不要你了"等刺激性话语,或者只要一提到对方就抱怨,抱有敌意,对孩子的需求不敏感,长期下来孩子会接收到很多压力,感到焦虑、恐惧,更容易出现行为问题。

> 爱与时间是治愈创伤的良药。单亲父母带孩子也要保持自信。走自己的路,让别人说去吧!

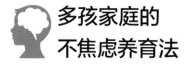

多孩家庭的
不焦虑养育法

因为育儿焦虑，很多父母选择不生二孩、三孩，心想能把一个孩子养育成人已经很不容易了。这些父母主要考虑的是生儿育女对职业发展的严重影响，包括时间成本、精力成本、教育成本。对此本书不做探讨。如果家里已经有了二孩、三孩，我可以教大家少一点焦虑，多一点智慧的养育法。

◎ 焦虑是心智成长的天敌

大部分家庭的育儿问题在于父母过分焦虑。不论贫富，育儿焦虑几乎是每个家庭难解的结，用一个字来形容就是"卷"。

我在为一些宝妈提供群组咨询时会拍摄"诉苦大会"的全过程，然后让宝妈们隔天看回放，以缓解内心的焦虑。她们惊奇地发现，自己诉苦的表情是痛并快乐的。这些宝妈体内含有大量的"快乐激素"多巴胺，而血液中压力激素较低（虽然有所波动，但在正常范围内），这说明她们的育儿过程是劳累但又幸福的。

实际上，宝妈们当时是在"比惨"，通过讲述孩子的劣迹来获得别人的理解和同情，以及自我安抚和相互解脱。毕竟说出来后，大家发现每个孩子好像都差不多：有时是天使，有时是魔鬼。

当一个宝妈说她的孩子有什么问题时，总会有另外的宝妈说自己的孩子也是一样的。最终有着同样问题的宝妈成了好朋友。当然，也有爱炫耀的父母，只说孩子的优秀，不说孩子的难堪。但恰恰是这些父母更焦虑、更害怕孩子有一天不再那么优秀。就我自己来说，因为有了基因学、脑科学、心理学知识的储备，而且能活学活用，我在育儿方面很少焦虑。

综合来看，人生前六年是大脑和身心发育的黄金时段。在基因正常的情况下，"只要"孩子是开心的，大脑是兴奋的，他的心智"就"能得到发展。与此同时，"只有"孩子是开心的，大脑是兴奋的，他的心智"才"能得到发展。

焦虑是心智成长的天敌，更是常见的负面情绪。很多父母经常因为孩子上早教班、兴趣班、幼小衔接班、辅导班而焦虑，比如在孩子1岁时担心3岁时的早教问题，在3岁时担心6岁时的学习问题，在6岁时担心16岁时的升学问题，而没有心思享受当下的亲子时光，也不知道日常玩乐能促进孩子的大脑和身心发育。

> 对绝大部分正常人来说，开心愉快、大脑兴奋能促进心智发育，至于做什么才会开心，那就要看人、看年龄了，而不是由父母的偏好来决定的，也不是看什么流行就做什么。

如果父母真的理解了上面的话，真的学会了开心育儿，注重当下的亲子互动，就不会被育儿焦虑压垮。

◎ 什么样的家庭适合要多孩

有的父母认为生一个孩子是福气，再生一个就是福上加福，说不定有机会实现儿女双全，让"人生巅峰"到达新高度；也有的父母认为，自己是独生子女，为了不让孩子像自己一样孤单，就再生个小宝宝，以后两个孩子也能互相照应；还有的父母认为，生儿育女对家庭条件、生活质量、父母素养的要求越来越高，再生几个孩子，家庭恐怕负担不起。除去身体原因，生二孩、三孩还有很多不得不考虑的因素。

适合要多孩的家庭

- 夫妻关系融洽。夫妻关系越融洽，养育孩子越顺利。亲子关系好，父母对大宝的满意度越高，越有可能从大宝的利益出发，为大宝带来一个共同成长、一起玩乐的伙伴。

● 育儿资源有保障。不同的地区、不同的城市，生活成本差异巨大。如果父母只想养育一两个知恩图报的孩子，让孩子的智商、情商达到发育顶峰，那只要达到户籍所在地的平均收入即可。如果父母的期望是让孩子考上国内外顶尖大学，除了基因潜能、孩子的学习动机与努力程度外，父母的资源也是一个重要的加分项。

● 期待晚年生活更有保障。现在有些父母喜欢说育儿不求回报，但从最终结果来看，良好的亲子关系不仅能带来此刻的精神或心理愉悦，而且绝大多数情况下能带来物质回报，只不过要等到孩子成年以后。从目前的形势来看，儿女的可靠性是最高的，只要父母给孩子一个有爱的童年，99%的孩子会给父母适当的回报，无论他们是否成功。当然，如果父母双方的退休金有保障，又向往自由自在的个人生活，高质量地养育一个孩子是更好的选择。

● 生育间隔三年以上。生育间隔越久，孩子之间的矛盾越少、竞争越少，相互作用也越小。间隔一两年，父母很难兼顾两个孩子，很多大宝会羡慕、嫉妒、渴求小宝的待遇，在行为上退化到婴幼儿状态，爱哭、爱动手，或用其他方式要挟父母恢复自己的地位。同时，小宝也可能利用自己婴幼儿的身份获取父母的同情与偏爱，比如用哭声让大宝挨骂。

ⓒ 家有多孩，如何破局养育焦虑

在编写这本书的过程中，我家的二宝出生了，我的家庭实现了幸福的"儿女双全"。育儿之路是辛苦的，父母多多少少会有焦虑。而我因为比较了解孩子的大脑、心理、行为等，而且一直注重全脑开发，所以把大宝养育得挺好，结果令人满意，于是才有信心迎来可爱的小女儿。

父母要守住安全底线，不参与孩子间的琐碎争端

给予孩子们平等的爱和关注

1 2
4 3

父母要理解、说出大宝的感受，不能只是惩罚、批评大宝

多与更小的孩子互动，保持育儿的新鲜感

如何应对多孩的养育焦虑

● 父母要意识到孩子之间竞争的实质。孩子之间的竞争主要是争夺父母的爱与关注。爱与关注不平等可能会引发孩子们肢体与心理的冲突，但随着孩子年纪增长，问题会越来越少。父母应该守住安全底线，控制恶劣行为，阻止危险行为，而不干预孩子们的琐碎争端，不帮助孩子们获取竞争的结果。

● **父母的爱要总体平等。**同胞矛盾的核心不是父母的爱被分成了几份，而是被分成了不平等的几份，这就是孩子眼中的偏心。父母不要经常说"大的应该让小的，男孩子要谦让女孩子"，而应该不分年龄、不论男女，鼓励孩子们共同进退。当孩子之间有争执的时候，要果断而公平地处理，不能引起任何一方的愤怒和绝望。玩具可以每人一份，分享不分享由孩子们自己决定，合理维护孩子们的物权意识与自我空间。

● **多与更小的孩子互动。**通常而言，大宝比二宝、三宝发育更好，因为父母养育大宝时，虽然经验不足，但更有激情、更投入、更爱与孩子交流。养育二宝、三宝时，父母的心态已经变了，花样翻新的玩乐互动少了，不同的尝试也少了，通常会依赖固有的经验。因此，如何调动养育的新鲜感、积极性是一个问题。

● **父母要理解大宝的失落。**有些大宝会经常攻击二宝，故意惹父母生气，因为大宝无法接受关爱流失、地位下降的现实。很多父母的第一反应是惩罚、批评，但这只会使问题变得严重。父母应该平和应对，阻止行为即可，然后说出大宝的感受，比如羡慕、嫉妒、怨恨、失落。当感到被理解时，大宝对父母的爱会加深，被冷落的孤独感会减少，进而会用爱来对待自己身边的人。

总之，育儿是先苦后甜。每家的育儿之路都异常辛苦，但只要夫妻分工合理、互相支持，每个人都努力付出，虽然累也不会有什么抱怨或矛盾，孩子之间也会平和许多。

是生存式教育
还是发展式教育

发育和发展在英文中是一个单词——development，其中"de"有拆分的意思，而"velop"词源同"envelope"（信封），表示裹住。两者合起来就是拆开"信封"的意思，而封在里面的"信"就是"基因"种子。教育就是栽培，通过浇水、施肥，让种子生根发芽、开花结果。

不过，说到育儿，父母的目标肯定不是"让孩子活着"那么简单，而是养育一个成功而幸福的孩子。前者就是人们常说的生存式教育，后者则是发展式教育。

◎ 生存式教育是育儿第一关

基因在千百年来是稳定遗传的，人们极难改变一颗种子长成果树后的样子，却可以容易地扼杀一颗种子，破坏它长成果树的过程，比如刮掉树皮、折断枝干等。

人类的基因表达受环境影响很大，而人类生存和发展的环境越发多元、多样，尤其是社会性、文化性的软环境差异很大，最终导致不同的孩子拥有不同的人生。即便是具有相同基因的同卵双胞胎，如果在不同家庭甚至不同国家分开养育，智商、情商差异也会比较大，社会成就方面的差异更大，各自的人生更有可能天差地别。

实际上，孩子满心渴望的就是生存与发展。为了生存，孩子必须学会自理。生存安全是一切发展的前提，衣食暖饱、无灾无病是所有人最初的追求。新手父母非常担心孩子的营养情况和生长发育状态，磕磕碰碰、感冒发热都会引起父母焦虑，这是可以理解的。父母要做的就是帮助孩子运动健身，提高孩子的避险与免疫能力，从而少受伤、少生病。

生存式教育是育儿第一关，大部分父母都能顺利通关。为了进一步发展，孩子必须学习。尤其是在孩子会走路、会说话，克服了常见病的困扰以后，大部分父母逐渐萌生了新的理想，比如孩子考上好的中学和大学。而在学习问题上，很多父母没有为孩子树立起爱读书、爱动脑的榜样，过早开启了填鸭式教学的模式。由此产生的远期问题是孩子逆反、厌学、写作业拖沓等，这就到了育儿大闯关的终极之战——如何让孩子安全度过青春期。

◎ 发展式教育是对大脑的提升

发展式教育是一种更深层次的提升，要求父母了解孩子的情感需求和精神状态，然后帮助孩子塑造更好的未来。

任何教育的未来结果都具有不确定性，因此父母才会有育儿焦虑。假如育儿闯关的结果是确定的，那就没什么可焦虑的了。而当今父母特别焦虑的莫过于如何使孩子赢在起跑线上。

> 人生的起点是基因，父母要努力实现孩子基因潜能的最大化，尤其是智商、情商的最大化。方法是遵从自然、遵从科学、适时而动、顺势而为，以大脑发育为抓手，以心理安全为保障，以成功而幸福的人生为目标，让孩子赢在终点线上。

剑桥大学学者研究发现，身体运动、手工技能、语言社交是提高大脑功能比较有效的方法。大脑的功能与兴奋程度有关。因此，只需"开心玩乐"就能很大限度地促进孩子的大脑发育。简言之，孩子玩得越好，发育得越好。

上早教班、兴趣班是孩子学习具体知识的一种方法，在教法得当的情况下会有比较理想的效果。但从脑科学的角度来看，知识不等于智商，孩子过早、过多地学习知识会限制智力发育。从心理学的角度来看，父母给孩子报早教班和兴趣班是一种具有"安慰剂效应"的育儿方式，比如周围家长都给孩子报班，自己也给孩子报班，那就心里有底了。但如果自己没报，可能就会感到恐慌与焦虑，这就是"反安慰剂效应"，也叫"恐惧效应"。

很多父母一开始也能保持清醒，报个班只是随大流，让孩子玩玩而已，觉得孩子认识几个朋友也好，免得天天待在家里看电视、玩手机、打游戏。也有不少父母不知道跟孩子去哪里玩、玩什么，甚至没时间陪孩子玩，于是不得不花钱买课。但渐渐地，部分父母会被孩子短时间内取得的成绩迷惑，而把育儿变成一项短期投资。小伙伴也不再是玩伴，而直接变成了比较的对象或竞争者。投资就一定会有好结果吗？不一定，于是不少父母追加投资，慢慢变得更加焦虑。

ⓒ 选早教班和兴趣班的误区

父母给孩子报早教班、兴趣班可能只是因为"心理焦虑"或想忙里偷闲。孩子上课虽然可能增加知识储备，但不能提高智力和情商，因为这些主要靠开心互动来培养。如果父母彻底明白了这一点，那报班与不报班就都能淡定从容，既不高看"早教热"，也不低估任何在家玩乐的价值。

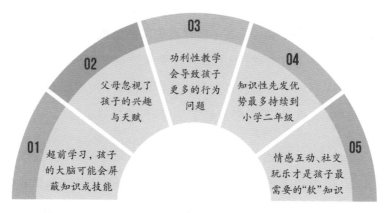

03 功利性教学会导致孩子更多的行为问题

02 父母忽视了孩子的兴趣与天赋

04 知识性先发优势最多持续到小学二年级

01 超前学习，孩子的大脑可能会屏蔽知识或技能

05 情感互动、社交玩乐才是孩子最需要的"软"知识

早教班与兴趣班可能带来的问题

● **超前学习知识会影响孩子大脑发育进程。** 在学习某种知识或技能的窗口期到来之前，父母将孩子的大脑暴露在暂时还不能消化吸收的知识或技能信息面前，并不能让孩子获得最佳学习效果，甚至可能会导致孩子的学习能力延迟发育，因为孩子的大脑会习惯性地屏蔽这类知识或技能信息。

- 不要歧视孩子的兴趣或"瞎玩"。兴趣班的最大隐患是父母看不到孩子的天赋和兴趣，瞧不上孩子每天狂热追求、乐此不疲的东西。或者说，在部分父母眼里，大人喜欢的叫"兴趣"，大人觉得没用的就叫"瞎玩"，但后者对大脑发育可能更有用。

- 灌输式、功利性教学会增加孩子的压力与焦虑。如果早教课是灌输式教学，让孩子有"我必须获得表扬"的潜在竞争压力，那就可能会引起孩子的焦虑与压力反应，而长期的压力反应会影响智力基因的表达和神经可塑性，还会导致孩子社交退缩、学习积极性下降、情绪与行为问题增多。

- 知识性先发优势持续时间短。以知识为导向的早教班可以让孩子拥有一些知识性的先发优势，但这个优势通常在小学二年级就会消失。幼儿园作业可有可无，如果孩子不能自己完成，需要父母帮忙，那就不要太当真，免得引起亲子矛盾或使孩子不想上学。

- 情感互动、社交玩乐才是教学相长的根本。对部分孩子来说，父母没有时间，兴趣班、早教班算是一种环境改善和社交提升的机会。但父母不要忘记，更好的教学是充满情感的互动，这样可以让孩子自发性、自主性地探索发现，让孩子在玩乐中学习很多书本上没有的"软"知识，比如体验社交的规则。父母如果有时间，最好是亲力亲为。

◎ 心智成熟才是树人之本

在身心与大脑发育的过程中，孩子肯定需要学习知识，但心智成熟与社交潜能才是一个人取得成功的根本。知识早晚都可以学，但心智发育的窗口期一旦错过，就要付出巨大的机会成本。

> 大脑是人类最重要的器官，孩子必须先花5~6年时间搭好全脑的整体结构，再花10年左右的时间精细调整大脑的神经连接。父母最难做到的是静待花开，但优质大脑通常是古人所说的"大器晚成"。

如果孩子在婴幼儿时期就被迫接受填鸭式教学，然后在青春期继续熬夜学习，就会牺牲掉一定的身体健康和心智成长、社交潜能发育的机会。因此，父母要注意教学方法的自然化，循序渐进，在保证孩子有足够的安全感、开心愉快的情况下，寓教于乐。

了解基因天性，
选择更易成功的育儿策略

　　神经科学家、诺贝尔奖得主坎德尔说过，基因根据需要打开或关闭，以实现人体和大脑的最佳功能运作。很多父母也想知道，到底是基因决定命运，还是教养决定命运。实际上，基因天性与环境教养是一枚硬币的两个面，每个人都必须在先天与后天因素的相互作用下，激发基因潜能。

ⓒ 要顺应孩子的天性和潜能展开教养

"玉不琢，不成器。"但父母首先应该琢磨的是，孩子并不是一张白纸，不可以任由自己规划。孩子的大脑就像有纹理的大理石，只有顺着石头特定的纹理来创作，才有可能雕刻出好作品。而如果雕错了位置，就会毁了一块好石头。父母无法按照自己的意愿和能力，在违反孩子基因潜能的情况下，凭空塑造一个成功形象。

比如，孩子忽然想要学习一种乐器，父母应该提供资源。但孩子除非具有基因潜能，否则想要精通并成为一名演奏家是很难的。孩子不愿意继续练习，排斥练习，实际上就是孩子已经发现自己在乐器演奏方面比不过别人。这一点往往是老师或其他人先

基因不会说话，孩子的兴趣、兴奋点和行为表现就是基因的外在表达。性格安静的孩子，父母可以引导他们玩拼图、棋类游戏。

发现，然后不由自主地拿孩子和别人作比较。即便是说些鼓励的话，也会让落后的孩子感觉到自己能力确实不足。这时候如果父母也说教孩子，就会引起孩子逆反，因为孩子觉得让其演奏就是在逼自己出丑。

敏锐的父母通过观察孩子看到乐器时两眼放光或闷闷不乐的神情就可以感觉到孩子是否适合学习某种乐器。而部分父母非要等到孩子剧烈反抗、大吵大闹才不情愿地放弃，并为孩子贴上不懂坚持、没有毅力的标签。其实，根本问题在于孩子基因天赋不足或时机未到。

父母尊重孩子的自主选择，遵循自然的发育节奏，让孩子缓几年再学习某些技能，孩子更容易取得成功。而人为的教养如果违背孩子的基因天赋和遗传倾向，则很可能会失败，孩子还会因为被逼迫学习而造成亲子矛盾。

良好的教养行为往往是对孩子遗传倾向的反应，父母能做的就是，帮助孩子寻找喜欢并能做得好的事情，而不是试图按照自己的固有期望，塑造理想中的孩子。

◎ 孩子不擅长的技能，父母要懂得放弃

做一件事情要坚持，轻易放弃很难取得成功。但父母要注意，孩子的大脑在青春期前后还将进行一大波神经修剪，此后才会更加成熟与稳定。在此之前，父母最好不要有定势思维或给孩子贴标签，不要让孩子在不擅长或不适合的道路上走得太远，遭受太多挫折，那会让孩子丧失自信，无法回头。

父母要懂得放弃、舍得、另辟蹊径，这是一种人生智慧。我讲一个基因学研究的案例，大家就明白了。

> 某种雄性甲壳虫有长出触角的基因，但只有一半的雄性甲壳虫最终长出触角。能否长出触角取决于甲壳虫母亲为孩子留下的食物是否充足。有无触角决定了雄性甲壳虫的战斗力，决定了它们不同的竞争策略。有角雄性甲壳虫会守卫雌性挖掘的地洞，致力于阻挡其他雄性或天敌来"打家劫舍"，而触角越大，战斗优势越大，最终保卫家园和成功育儿的概率越高。
>
> 有角雄性甲壳虫拼的是触角长度和力量大小，那这是否意味着无角雄性甲壳虫就完全没有竞争优势？并非如此。无角雄性甲壳虫有着完全相反的生存之道——既然母亲留下的食物不够我长出一个大大的触角，那我就彻底放弃依靠触角角力的竞争路线，而采用智取方案。它们自己挖地洞，并且学会了抓住时机，在有角雄性甲壳虫与其他敌人搏斗的时候，偷偷进入它们的"后宫"。这种"另辟蹊径"的竞争策略有很高的成功率，雌性甲壳虫的后代约有一半父亲是无角雄性。

成功之路不是独木桥，而是多赛道。既然换一条道路也能取胜，那就应该尽早改弦易辙，不在竞争太激烈的某方面浪费时间和资源。独木桥思维是很多人一辈子的痛点，比如很多父母都曾经把"985高校"当作孩子考大学的目标，但最终只有5%左右的孩子可以考上。那些孩子没考上的父母如果继续坚持这种固定的价值观，就会把自己看作失败者，也为孩子贴上失败的标签。有些家庭甚至因为做作业、考大学造成了无法挽回的悲剧。但如果父母一开始就把考上好大学当作孩子成功的两三种途径之一，反而会让大部分"落榜生"感觉到人生本来就是条条大路通罗马，进而换赛道重新拼搏。这样成功的概率会更高，因为孩子此时更有内驱力，且能得到父母的祝福与鼓励，而非嫌弃或打击。

人在一生中会面临很多岔路口，家长要做的是引导而非干预和强制。让孩子以兴趣为引导，适当"放养"，这比家长"赶鸭子上架"对孩子更有益。

父母应该放松紧绷的神经，尽情享受亲子关系。育儿的最大享受是看着自己的孩子一步步走向成功。大自然中，越是高等的生命，越具有独立性、可塑性、可变性。越是低等的生物，就越是会复制亲代的基因与生活方式，可变性、独创性很差。当然，低等生物体所需要的大脑发育期也很短，很早就停止玩乐式互动，进入"你死我活"的生存竞争。而且，大部分生命善于错位竞争、差异化竞争，在竞争较少的地方寻找适合自己的生态位。父母在育儿的时候应该学习自然界中错位竞争、差异化竞争的智慧。

> 父母对基因学了解越多，就越能放松下来，爱孩子原本的自我，爱孩子自然能成为的样子，爱孩子表现出来的兴趣和潜能。

韩博士育儿心得

现在的父母经常会有一种错觉：孩子的未来主要取决于父母的努力，孩子的成功主要是父母的责任或义务。对此我要说，父母不要有太大的心理负担，也不要觉得基因直接决定了孩子的命运。父母可以改变的事情有很多，环境优劣、教养好坏都可以影响孩子的基因表达——要么放大问题，要么缩小问题；要么促进成功，要么阻碍成功。父母知道孩子的基因优势是什么，倾向于什么，孩子就有可能取得更好的结果。

做开明权威型父母，培养独立自主的孩子

什么样的教养方式最好？这个问题没有标准答案，但心理学界有一个著名的研究给出了参考答案。优秀的父母既善于满足孩子，又善于提出要求，既给孩子越来越多的自主权，又有底线原则。相反，一些父母要么专制，要么溺爱，要么放任不管，这都不利于培养成功而幸福的孩子。

◎ 父母的四种教养类型

有专家通过观察试验组儿童，先对儿童的7种相对行为（比如对人怀有敌意或友好、对抗他人或乐意合作）进行评分，再对孩子父母的15种育儿行为进行分析，最终划分出四种特征较明显的教养类型。

- 独断专制型。该类型父母要求孩子绝对服从家长的个人意愿，不管对不对，孩子都要严格执行，且经常采取强制措施。他们认为，孩子的本性就是需求无度、不懂得合作，应该控制孩子的需求，不需要妥协、商量、征求意见或改变规则，否则就是溺爱。该类型父母也不鼓励孩子发展个体性、独立性，不接受孩子的质疑或反驳。

- 开明权威型。该类型父母只要求孩子服从合理的规则，而不要求孩子服从家长的个人意志，不追求绝对权威，愿意倾听孩子的个人想法并加入规则之中，然后严格执行，且在执行过程中较少采取强制措施。经常向孩子解释规则，或说服他们接受，或合作修改规则。该类型父母认为，孩子的需求是自然的，可以满足、引导，而不担心失去权威。该类型父母鼓励孩子发展个体性、独立性，接受孩子的质疑或反驳，但坚持原则。

● 放纵溺爱型。该类型父母不对孩子提出要求，没有规则或有也很少执行，极少拒绝孩子的不合理需求，而是尽力满足。害怕或不让孩子受挫，被动接受孩子的坏脾气或行为，容忍大龄儿童像个小婴儿一样随心所欲，乃至盲目鼓励孩子的个体性和独立性。

● 忽视不管型。该类型父母既不严格要求孩子，也不尽心尽力教育孩子，而是忽视孩子的存在，拒绝孩子的合理需求。该类型父母不知道制定规则，不能为孩子的教养搭好框架，也不知道为孩子提供指导，而是相当排斥孩子，生而不养或养而不教。

当然，以上教养类型只是大体归类，有些父母不完全符合某一种类型的特点，而属于混合型，或者是在大部分情况下接近某一种类型。根据父母对孩子提出要求的高低程度，以及父母合理满足孩子的高低程度，学界得出了如下分类。

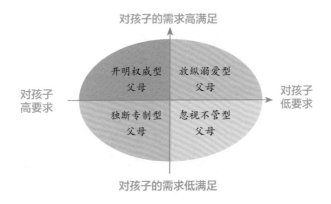

不同教养类型父母提出要求与满足孩子需求的情况对比

◎ 满足孩子，同时提出更高的要求

专家的后续研究显示，开明权威型父母养育的孩子不仅具有更强的独立性、自主性、创新性，而且更友善、更能适应社会、更有社会责任感。社会适应能力是一个人取得成功的重要保证，是父母育儿成功的重要标志。而其他三种类型父母或多或少为孩子未来的发展留下了隐患，比如独断专制型父母养育的孩子独立性较差，暴力倾向更严重，更容易欺负弱者；放纵溺爱型父母养育的孩子占有欲更强，心理脆弱，进取心不足，做事不容易坚持；忽视不管型父母养育的孩子可能情况最糟糕，除性格孤僻外，心理甚至还会有点扭曲。

> 为了避免这些问题，父母应该坚持做开明权威型父母，对孩子多一点满足，同时一步步提出更高的要求，让孩子既有满足感，又有规则感。

育儿是一个曲折的过程，一下子就找到正确而合适的教养方式很难。很多父母都是在摸索中前进，比如在孩子特别小的时候，都倾向于满足孩子的大部分需求，而要求较低；孩子长大以后逐渐会有更多的要求，尤其是要求孩子遵守各种规则。在有些事情上，父母会果断拒绝孩子，执行规则，但有时候却会为该不该坚持而犹豫，这都是常有的现象。父母应该果断但不独断，形成一贯的育儿风格就可以了。

专家还发现，不同的教养类型具有不同的环境适应性，而没有绝对的好坏之分。比如，大部分人会以为独断专制型的父母不好，但在治安非常恶劣的环境里，父母的绝对权威可以控制孩子的某些想法与行为，避免孩子接触恶劣的人与事，否则孩子一旦失控，后果不堪设想。

因此，在个别情况下、个别事情上，父母可以酌情考虑建立不可置疑的绝对权威。但不要滥用权威，不要在大部分事情上追求主导权。父母也不应该总想监督或控制孩子的行为，否则容易让孩子养成软弱被动、说谎成性、偷偷摸摸等心理特质。

◎ 如何在犯错的孩子面前树立权威

如何面对已经犯下错误的孩子，非常考验父母的情商。惩罚是用一定的威慑手段让孩子明白，有些事情下次不要再做，否则还会"吃苦头"。合理的惩罚只针对具体问题，而不是单凭父母的意志、意愿随意施加。家长执行惩罚应该果断、及时、前后一致、全家一致。长期坚持相对稳定的规则及惩罚措施，父母就可以在孩子面前树立权威，改变绝大多数孩子的不良行为。

父母可以先判断自己属于哪种教养类型，再反思自己是否采用过错误的惩罚措施。

- 独断专制型的父母通常会给孩子过重的惩罚，抓住孩子犯错的机会建立绝对权威。比如孩子打碎了别人的花盆，这类父母就可能随机决定惩罚孩子不能吃好吃的，甚至是直接打一顿。但美国杜兰大学的学者研究发现，3岁的孩子如果一个月平均被打2次，那么其5岁时的攻击性会提高50%。这样的孩子以后也可能会成为独断专制型的父母。

- 开明权威型的父母坚持认为，惩罚的目的不是建立权威，而是起到教育作用。花盆与吃东西没有必然联系，因此开明权威型父母不会以"不许吃好吃的"惩罚孩子，但会"惩罚"孩子清扫垃圾，因为这是打碎花盆的自然后果。

- 放纵溺爱型的父母会放任孩子，没有规则，没有底线，没有惩罚。放纵溺爱型父母则压根儿不觉得这有什么问题，不觉得应该通过惩罚让孩子明白很多道理，其本心是爱，但却害了孩子。

- 忽视不管型父母因为"忽视"孩子而彻底放弃了教养的责任。这类父母对孩子就是"不看、不听、不管、不说"，这类父母通常精神压力较大，生活上自顾不暇，孩子慢慢会变得做事冲动，不考虑后果，内心自卑，缺乏安全感。

　　父母的惩罚措施应该与问题行为"对等"。"量刑"过重会让孩子过度恐惧，没有安全感，造成逆反、逃避、欺骗等行为问题。"量刑"过轻则没有警示意义，孩子会继续突破底线，久而久之父母的底线成了漏洞百出的虚线，这正是一些孩子屡教不改的原因之一。另外，如果要教育孩子，最好私下进行，只有家人在场，多摆事实，描述具体细节，少讲大道理，不要只想着树立家长的权威，不要笼统地评价孩子的个性和人格。如需惩罚，则要"提前"宣布规则，共同讨论惩罚措施，然后果断执行亲子约定，这是开明父母建立权威的最佳做法。

韩博士育儿心得

　　家庭贫富可能发生变化，物质条件并不直接决定父母的育儿方式，而是限制了可选方案，但很多问题是可以突破的。优秀的父母应该用钱"买"时间，而不应该把时间都用来赚钱，耽误了亲子互动，影响亲子关系的构建。育儿是一场长期投资，父母投入多少时间、精力，就能收获多少果实。父母应该温柔、坚定、有底线、给自由，为孩子提供适当的发展空间，当孩子走向独立的时候，主动扩大孩子的自主权，增加孩子的责任感。

后记

　　本书主要讲儿童的大脑发育、心理成长与行为管教，较多涉及0~6岁孩子的问题，目标之一是预防青春期综合征。因为任何年龄段的很多问题都源于童年早期，所以我希望家长通过阅读本书知晓当下孩子问题的根源，回到源头加以解决。

　　科学家用不同的理论解释孩子的问题，父母则需用科学的手段改变孩子。为了改变孩子，父母首先应该改变自己，即便改变自己很难。有时候，父母不想改变自己是害怕"丢"了整个自我，害怕揭开自己的伤疤或防护罩。

　　对此，诀窍在于父母不必强求改变自己的本性，而可以先试着改变自己思考问题、解决问题的具体方式，改变自己教育孩子、塑造孩子的具体言行。改变整体很难，但改变局部，改变明天训导孩子的说话方式则相对容易。

有时候,父母不想改变自己是因为不知道自己要"为谁"改变,或者不确定自己为孩子改变值不值得。然而,为了孩子而改变自己的某些方面不但可以做到,而且非常值得去做,具有丰厚的长远收益,既能让孩子变得更好,又能让自己变得更快乐。

　　父母要善于回到过去,回到过去的某个时间点,发现那时的遗憾和问题,进而疏通现在,与过去和解。尽管已经身为父母,但童年早期的经历可能会带来梦魇一般的无意识痛苦。本书为父母提供了一个了解自己的窗口,在带娃的路上重新认识自己,然后努力改变自己,与孩子一起成长。

　　最后,我想对大家说,和过去说"再见",向未来说"你好"吧。我希望家长们都能长出一口气,不再为孩子的教养问题盲目焦虑,不再为自己的失误或不足而裹足不前。从今往后,在实际行动中努力践行本书的理念和方法,为孩子带去更多光明、温暖和欢笑。

韩许高

2023 年 12 月于南京

图书在版编目（CIP）数据

全脑养育 / 韩许高著 .—南京：江苏凤凰科学技术出版社，2024.02
（2024.04重印）
（汉竹·亲亲乐读系列）
ISBN 978-7-5713-3779-7

Ⅰ.①全… Ⅱ.①韩… Ⅲ.①婴幼儿 – 哺育 Ⅳ.① TS976.31

中国版本图书馆 CIP 数据核字（2023）第 180612 号

中国健康生活图书实力品牌

全脑养育

著　者	韩许高	
责 任 编 辑	刘玉锋	黄翠香
特 邀 编 辑	陈　岑	高晓炘
责 任 校 对	仲　敏	
责 任 监 制	刘文洋	

出 版 发 行	江苏凤凰科学技术出版社
出版社地址	南京市湖南路 1 号 A 楼，邮编：210009
出版社网址	http://www.pspress.cn
印　　刷	南京新世纪联盟印务有限公司

开　　本	880 mm × 1 230 mm　1/32
印　　张	10
字　　数	200 000
版　　次	2024 年 2 月第 1 版
印　　次	2024 年 4 月第 3 次印刷

标 准 书 号	ISBN 978-7-5713-3779-7
定　　价	56.00 元

图书如有印装质量问题，可向我社印务部调换。